中等职业教育课程改革新教材

机械制图习题集（少学时）

第 3 版

主　编　钱可强　王　瑶
副主编　姜尤德　周玉凯　朱祥根
参　编　唐　莉　张　伟　李建梅　张辽川
　　　　王　利　钟本安　杨　柳　尹　丹
　　　　付玉红　刘金果　陈　刚　张　沙
　　　　王洪军　余成辉
主　审　董国耀

机 械 工 业 出 版 社

本书是中等职业教育课程改革新教材，是根据教育部发布的《中等职业学校机械制图教学大纲》编写的，是与钱可强、王瑶主编的《机械制图（少学时）》第3版配套的习题集。

本书主要内容包括制图基本知识、正投影法与三视图基础、组合体、图样画法、常用标准件及结构要素的表示法、零件图、装配图和专用图样8个单元。

本书可作为中等职业学校工程技术类各专业的教材，也可作为企业人员培训的教材。

图书在版编目（CIP）数据

机械制图习题集：少学时/钱可强，王瑶主编. —3版. —北京：机械工业出版社，2023.3（2025.6重印）
中等职业教育课程改革新教材
ISBN 978-7-111-73060-6

Ⅰ.①机… Ⅱ.①钱… ②王… Ⅲ.①机械制图-中等专业学校-习题集 Ⅳ.①TH126-44

中国国家版本馆CIP数据核字（2023）第069646号

机械工业出版社（北京市百万庄大街22号 邮政编码100037）
策划编辑：汪光灿　　责任编辑：汪光灿
责任校对：闫玥红　贾立萍　　封面设计：马精明
责任印制：张　博
北京机工印刷厂有限公司印刷
2025年6月第3版第4次印刷
260mm×184mm · 10.75印张 · 141千字
标准书号：ISBN 978-7-111-73060-6
定价：31.00元

电话服务
客服电话：010-88361066
010-88379833
010-68326294

网络服务
机　工　官　网：www.cmpbook.com
机　工　官　博：weibo.com/cmp1952
金　书　网：www.golden-book.com
机工教育服务网：www.cmpedu.com

第3版前言

本习题集与钱可强、王瑶主编的中等职业教育课程改革新教材《机械制图（少学时）》第3版配套使用。本次修订保持第2版的特色，习题集与教材体系仍保持一致。主要修订内容如下：

1. 删减了第2版部分单元中偏难的习题。

2. 增加了1~6单元的自测题，要求学生学完每一单元后，自行测试并给自己打分，找出不足。教师也可从自测题中选择典型题目进行解题分析，组织课堂讨论。期中或期末考试也可以从自测题中挑选题目。

3. 增添了斜二轴测图习题。

4. 对难度较大的习题以“※”符号表示作为选做题。

5. 习题集答案均以二维码的形式在习题中呈现，学生可根据教师提供的参考答案二维码进行正误校验。

6. 依据2020年前颁布的《技术制图》《机械制图》以及与机械制图相关的现行国家标准，对有关名词术语、图例、标记和数据等做了相应的更新。

本习题集由同济大学钱可强、成都市现代制造职业技术学校王瑶任主编，成都市现代制造职业技术学校姜尤德、周玉凯及成都市龙泉驿区教科院朱祥根任副主编。参加修订的人员还有成都市现代制造职业技术学校唐莉、张伟、李建梅、张辽川、王利，成都市工程职业技术学校钟本安、杨柳、尹丹、付玉红，成都市工业职业技术学院刘金果，中国五冶职工大学陈刚，四川机电高级技工学校张沙，成都市洞子口职业高级中学王洪军，成都核工业机电学校余成辉。

本习题集由北京理工大学董国耀教授任主审，他在审阅中提出了很好的修改意见和建议，在此表示衷心的感谢。

欢迎选用本习题集的师生提出宝贵意见和建议，以便今后修订时不断补充、完善，谢谢。

钱可强

第2版前言

本习题集与钱可强、姜尤德主编的中等职业教育课程改革新教材《机械制图（少学时)》第2版配套使用。

本习题集根据第1版的内容进行了相应的精简和优化，但仍然保持原版的特色，习题集与教材体系仍保持一致。本习题集习题类型多样化，强化徒手绘图，特别是轴测草图的训练，并充分注重读图能力的培养，将读图作为基本技能贯穿始终。

经过全体编者的认真讨论，本次修订内容如下：

1）第1版部分单元习题偏多、偏难，本次修订删去了部分习题。

2）对习题难度较大的以“※”符号作为选做题。

3）习题集中的三次作业保留了前两次作业练习，删去了第三次作业——零件测绘。

4）本习题集中的习题答案、试题库、试题答案与多学时教学资源共用。

本习题集由同济大学钱可强、成都市现代制造职业技术学校姜尤德任主编，成都市现代制造职业技术学校王瑶、周玉凯，中国五冶职工大学张旭林，四川航天职业技术学院罗清任副主编，参与修订工作的还有成都市工业职业技术学校王调品，四川机电高级技工学校李建华、张沙，成都市工程职业技术学校钟本安、杨柳，成都市现代制造职业技术学校张伟、顾亮、韩钊、唐莉、李梅、赵燕、李建梅、李明春、刘穿峡、邹文韩，成都市洞子口职业高级中学王洪军，中国五冶职工大学黄宗慧，四川川化集团技工学校谢贤萍。

本习题集由北京理工大学董国耀教授任主审，他在审阅中提出了很好的修改意见和建议，在此表示感谢。

欢迎广大读者和选用本习题集的教师提出宝贵意见和建议，以便今后修订时进行补充、完善，谢谢！

钱可强

第1版前言

本习题集与钱可强、姜尤德主编的中等职业教育课程改革新教材《机械制图（少学时）》（书号：ISBN 978-7-111-35103-0）配套使用。

本习题集有以下主要特点：

1）习题集的编排顺序与教材体系保持一致。每讲授2学时后，都安排适当题量的习题和作业，由易到难、前后衔接。习题的选取力求符合中等职业学校学生的认知规律，既有基本练习题，也有一定数量的思考题和提高题，以满足不同学时、不同专业、不同学生的需求，有利于发挥学生潜能和便于因材施教。

2）题目类型多样化，有选择、判断、改错、填空等，改变了单一的绘图作业模式，可使学生在有限的时间内完成更多的练习，获得更多的信息，对提高其思维判断能力可达到事半功倍的效果。

3）本习题集的编写充分注意读图能力的训练，将读图作为基本技能贯穿始终。读图与画图是相辅相成的，因此要求学生完成一定数量的尺规作图练习。同时，强化徒手绘图，特别是绘制轴测草图的训练。将部分尺规绘图练习改为徒手绘图，既有利于加强徒手绘图能力的培养，又有利于提高学习效率。

4）贯彻现行的国家标准，包括 GB/T 131—2006、GB/T 1182—2008、GB/T 1800.1、GB/T 1800.2—2009 等。注重对学生执行国家标准意识的培养。

本习题集由同济大学钱可强和新都职业技术学校姜尤德任主编。参加编写的有江山职业中等专业学校周达飞、长兴职教中心金建生、宁海县教研室陈玲、成都市工业职业技术学校王调品、惠山职教中心陆浩刚、安徽省汽车工业学校郝结来、石家庄市机械技工学校柳海强、平湖职业中专龚跃明、成都市技师学院徐健、绵阳师范学院姜莹莹。本习题集由北京理工大学董国耀教授任主审。董教授在审阅过程中提出了很好的修改意见和建议，在此表示衷心感谢。

欢迎广大读者和选用本习题集的老师提出宝贵意见和建议，以便及时调整补充，谢谢。

钱可强

目　录

第一单元　制图基本知识

1-1　字体（一）

数字及字母练习。

0123456789ΦR

ABCDEFGHIJKLMNOPQRSTUVWXYZ

abcdefghijklmnopqrstuvwxyz

班级　　姓名　　学号

1-1 字体（二）

仿宋字练习。

职 业 技 术 机 械 制 图 校 核 审 定 比 例 件

壳 体 架 通 倒 圆 沉 未 条 杆 套 端 盖 数 量

1-2 几何作图

1. 作圆的内接正三角形。

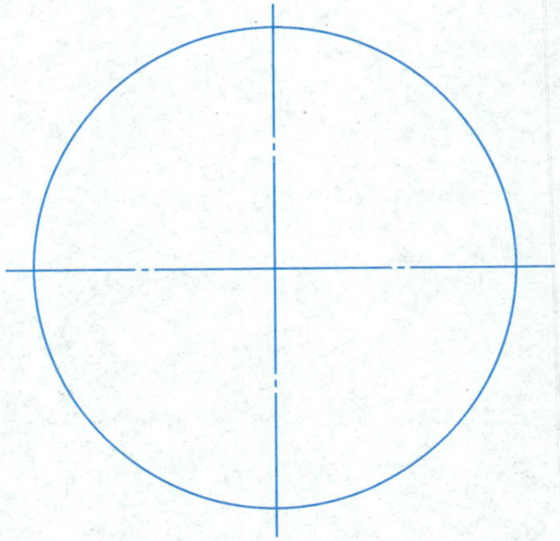

2. 作圆的内接正四边形。

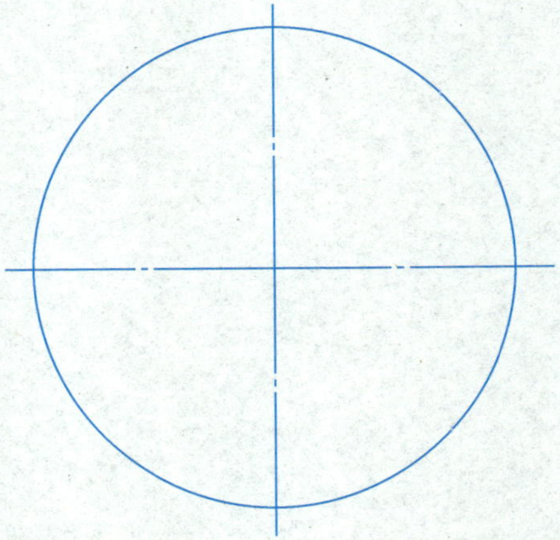

3. 作圆的内接正六边形。

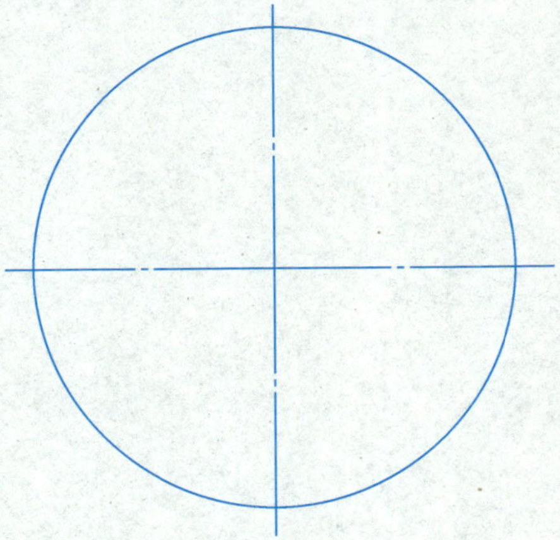

4. 按左图中给定的尺寸在指定位置抄画平面图形（放大一倍，尺寸从图形中量取）。

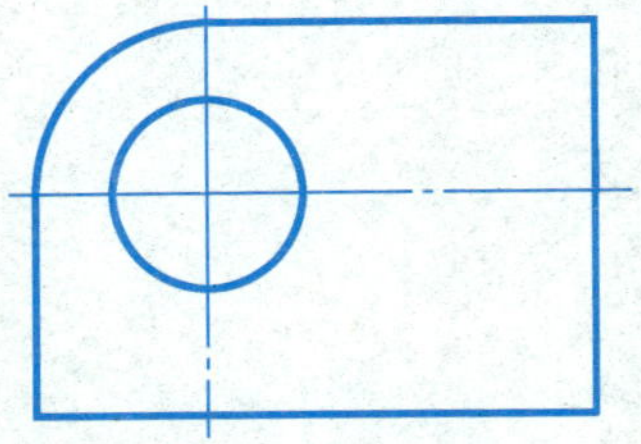

班级　　　　姓名　　　　学号

1-3　圆弧连接（比例 1∶1），保留求圆心和切点的作图线

1.

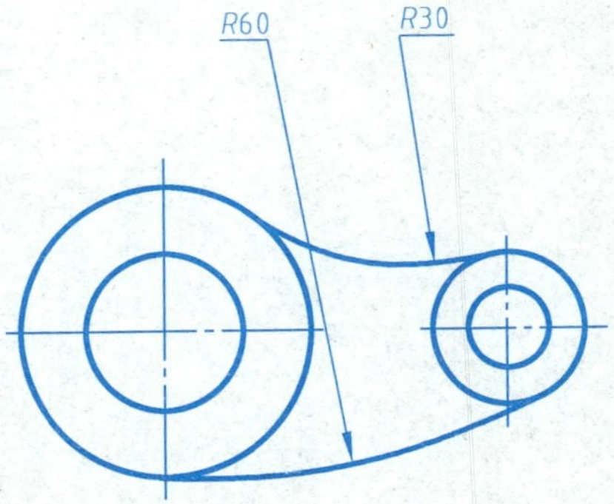

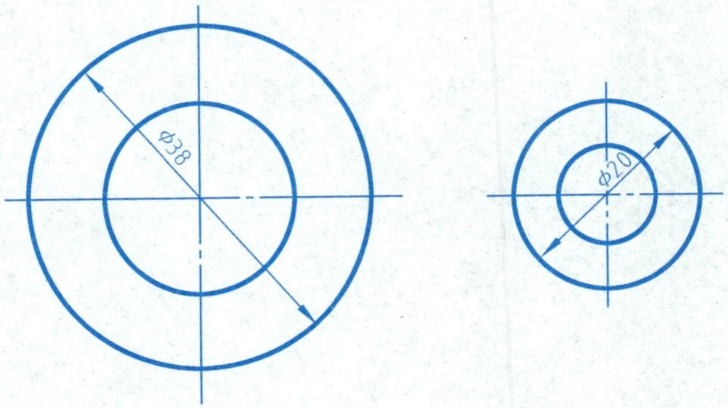

2.

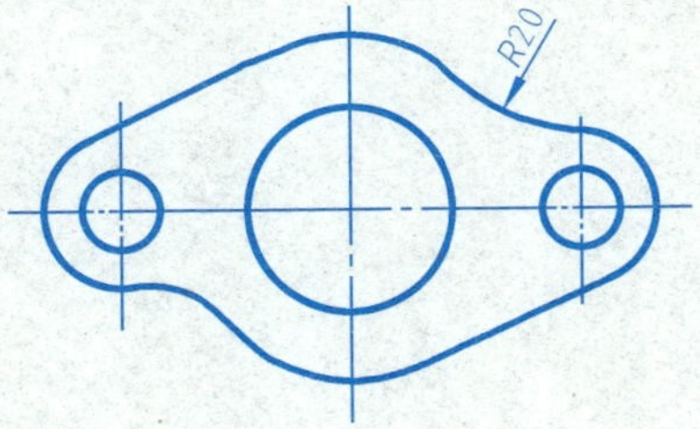

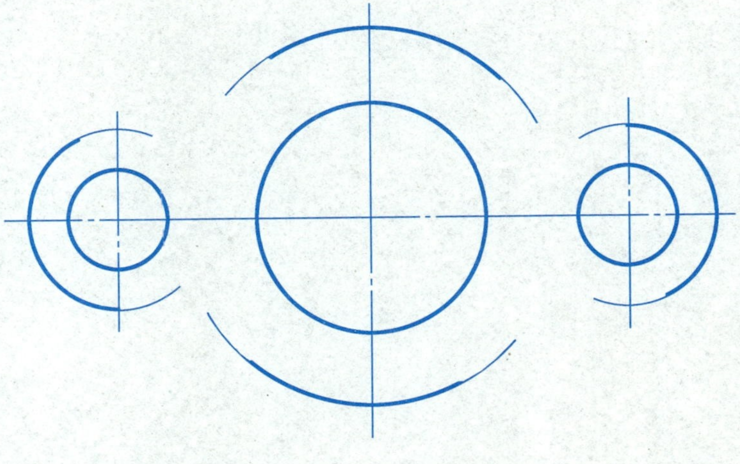

班级　　　　姓名　　　　学号

1-4 标注尺寸、斜度和锥度

1. 量取图形实际尺寸（取整数）后标注尺寸。

（1）

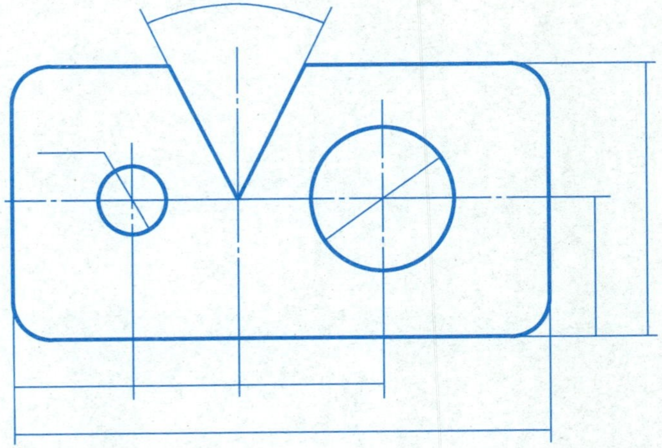

（2）

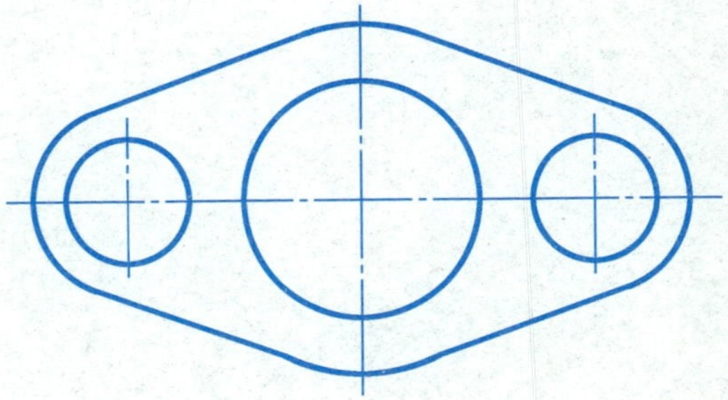

2. 参照右上角示意图，作斜度并标注。

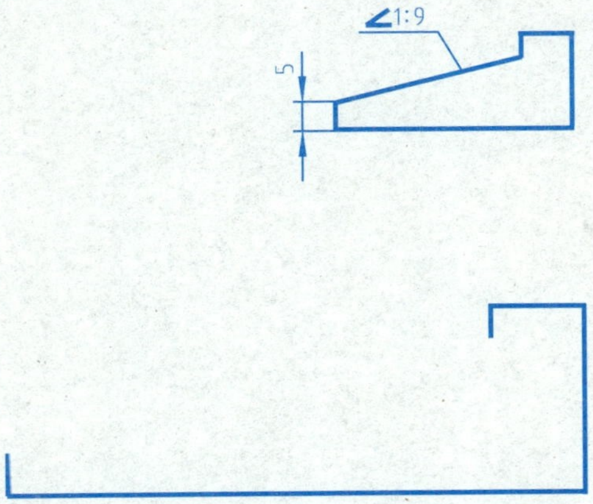

3. 参照右上角示意图，作锥度并标注。

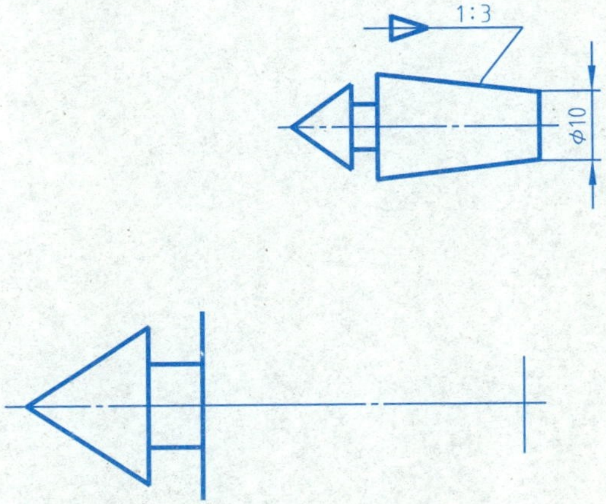

班级　　　　姓名　　　　学号

一、目的

熟悉国家标准《机械制图》中的有关规定，初步掌握绘图仪器和工具的使用方法。

二、作业要求

抄画：（一）线型，不标注尺寸；（二）平面图形设计练习，在下页两个分题中任选一个。要求：图面整洁，线型规范，字体工整，尺寸齐全，符合国家标准。

图名：基本练习。图幅：A4 图纸（标题栏参照主教材图 1-3b）。比例：1∶1。

三、步骤及注意事项

1. 绘图前应对所画图形仔细分析，以确定正确的作图步骤。特别要注意，平面图形上圆弧连接的各切点及圆心位置必须正确作出。在图面布置时，还应考虑预留标注尺寸的位置。

2. 线型：粗实线宽度为 0.7mm，细虚线和细实线的宽度为粗实线的 1/2，细虚线每一画长度为 3~4mm，间隔为 1mm，细点画线每段长为 15~20mm，间隔及作为点的短画约 3mm。

3. 字体：图中汉字均按长仿宋体书写，图中尺寸数字为 3.5（或 5）号字。

4. 箭头：长度按图线宽度的 6 倍左右画。

5. 加深：完成底稿后，用铅笔加深。圆规的铅芯应比画直线的铅笔软一号。在加深前，必须进行仔细校核。

（一）线型

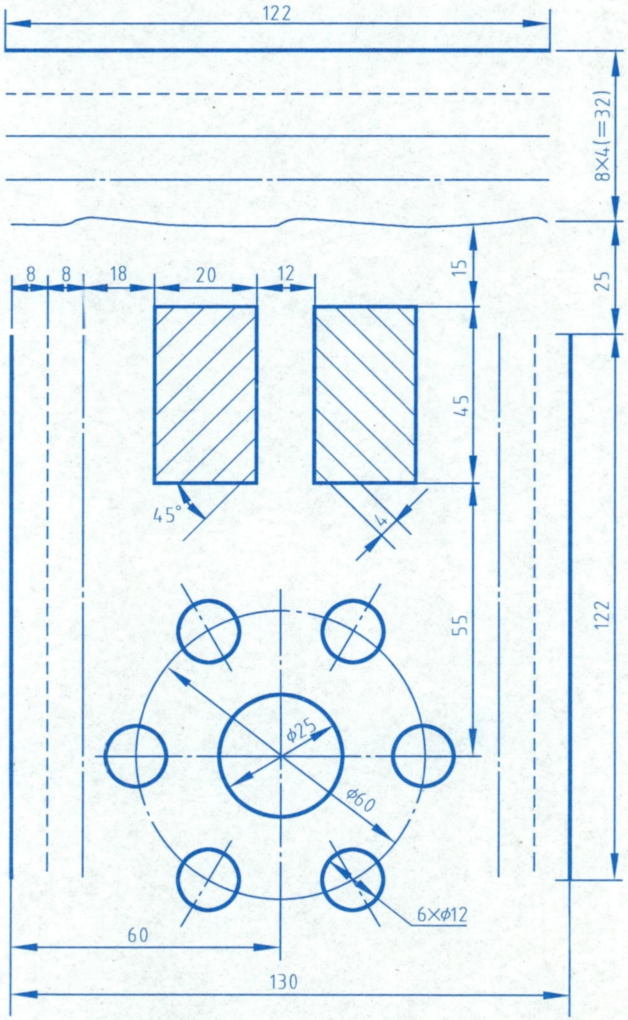

班级　　　　姓名　　　　学号

（二）平面图形设计练习

1. 参考图中给定的平面图形和尺寸，设计一个瓶盖起子。

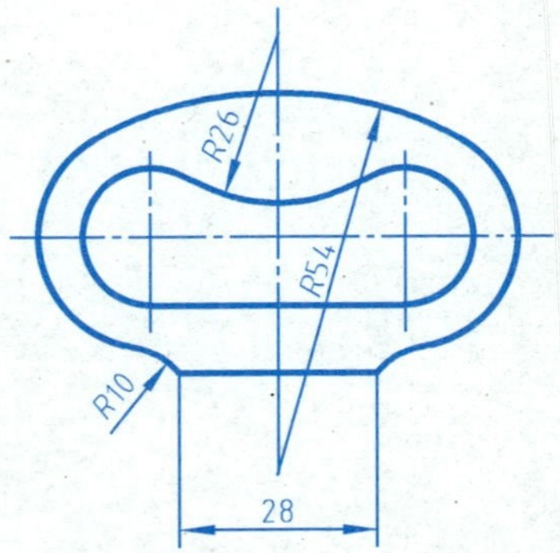

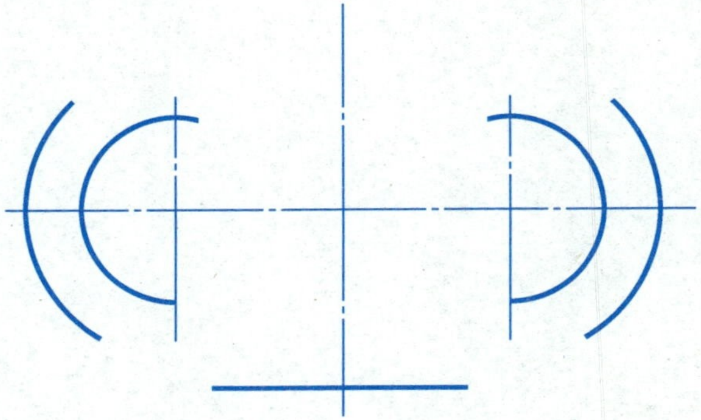

2. 参照右图设计一个多功能扳手的平面轮廓。

要求：

1）扳手的平面轮廓图形应包含对边距离为 8mm、10mm、13mm、16mm、18mm、24mm、30mm 的七个正六边形中的 5~6 个。

2）布局紧凑、外形美观、功能齐全。六边形之间的边、角距离不宜太近。

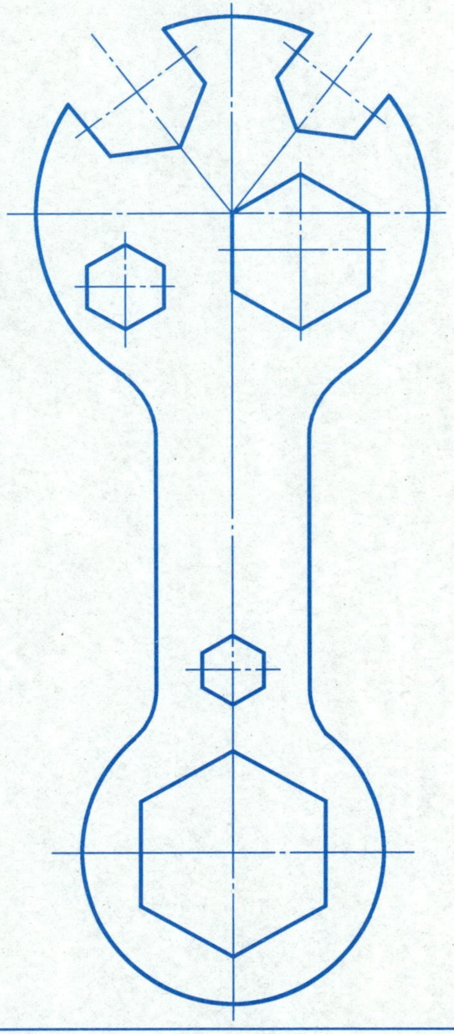

第一单元自测题（总分：100分）

1. 填空题（每空2分）。

（1）图纸基本幅面有__________种，A1幅面是A0幅面大小的__________。

（2）一般情况下，标题栏应位于图纸的__________，必要时可使标题栏转至图纸的__________。

（3）1∶1是__________比例，1∶2是__________比例，2∶1是__________比例。若实物长度为200mm，采用1∶5比例，在图上的长度应为__________mm。

（4）图样中书写的数字和字母，分为A型和B型，A型字母的笔画宽度 d 应为字高 h 的__________，字体的号数即字体的__________。

（5）现行标准中，规定机械制图用的图线分为__________种线型，其中粗线有三种，分别是__________、__________、__________，其余均为细线。粗、细线的线宽比为__________。

（6）一个完整的尺寸由__________、__________、__________等要素组成，线性尺寸的数字一般应注写在尺寸线的__________方或__________方。图样中所注的尺寸数值为机件的__________。

（7）标注直径或半径尺寸时，应在数字前面加注符号__________或__________，标注球体尺寸时，应在直径或半径符号前加注符号__________。

（8）用一段圆弧光滑地连接另外两条已知线段的作图方法称为__________，作图时必须准确作出连接圆弧的__________和__________。

（9）平面图形中的尺寸有__________、__________两类；平面图形中的线段根据其尺寸是否齐全分为__________、__________、__________三类。

2. 指出上面图形中标注尺寸的错误，并在下图中正确标注。（12分）

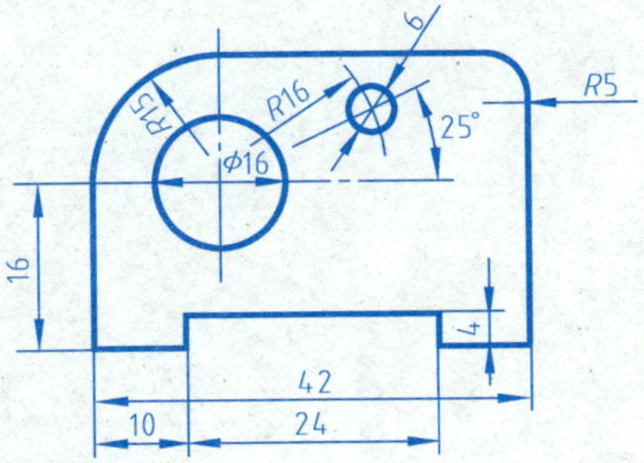

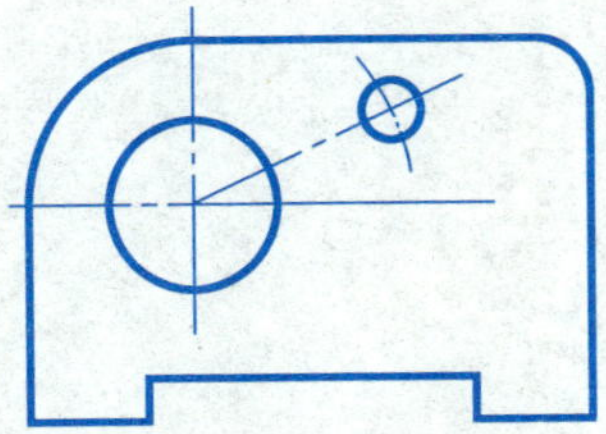

3. 已知 ϕ30mm、ϕ20mm两圆中心距为45mm，试用 R45mm的圆弧与两圆内切连接，用 R35mm的圆弧与两圆外切连接（ϕ30mm和 ϕ20mm两圆的圆心取在同一水平中心线上）。（24分）

班级　　　　姓名　　　　学号

第二单元　正投影法与三视图基础

2-1　三视图的读图和画图练习

参照立体示意图，补画三视图中漏画的图线，并填空。

1. 在立体示意图上标出题中所示平面的字母。

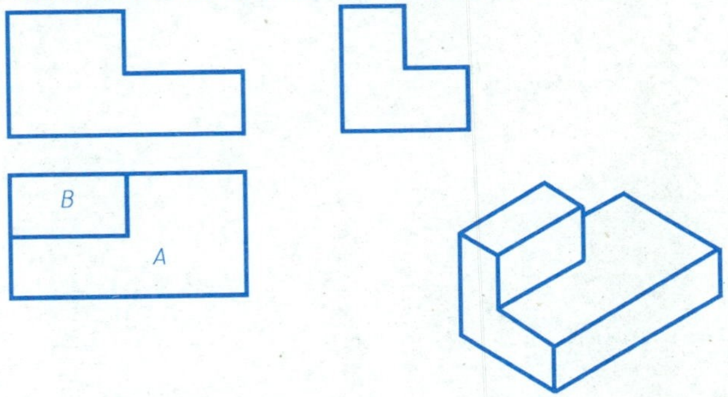

比较俯视图中两个平面的上、下位置：
面 *A* 在________，面 *B* 在________。

2. 在立体示意图上标出题中所示平面的字母。

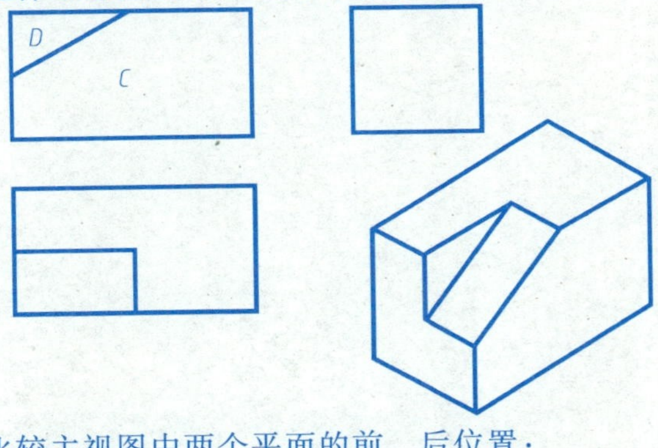

比较主视图中两个平面的前、后位置：
面 *C* 在________；面 *D* 在________。

3. 在立体示意图上标出题中所示平面的字母。

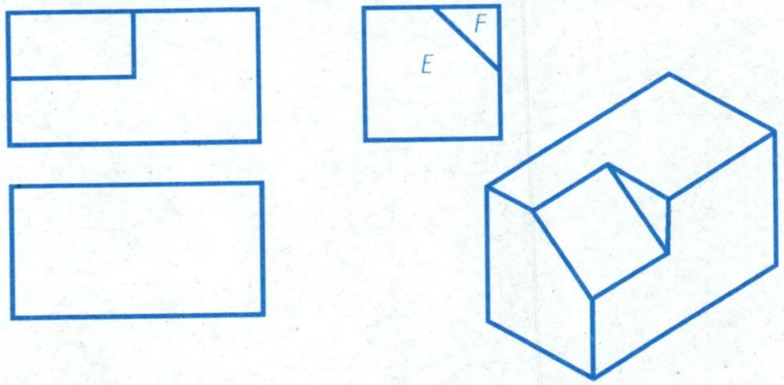

比较左视图中两个平面的左、右位置：
面 *E* 在________，面 *F* 在________。

4. 在主视图上注出 *A*、*B*、*C* 三个平面的字母。

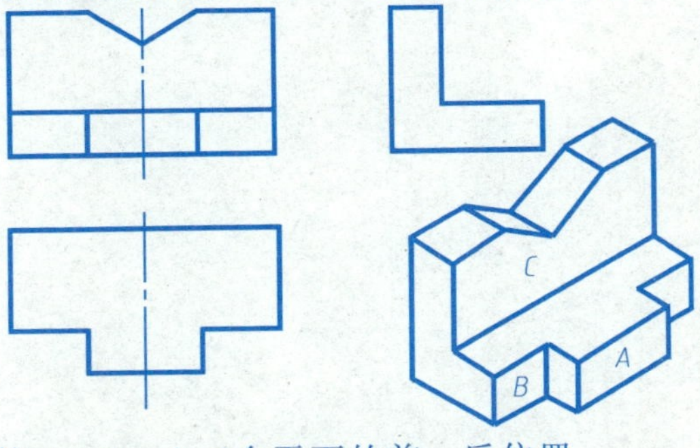

比较 *A*、*B*、*C* 三个平面的前、后位置：
面 *A* 在面 *B* 之________，面 *C* 在面 *B* 之________。

2-2　根据基本体的两视图补画第三视图，并写出基本体名称

1.

2.

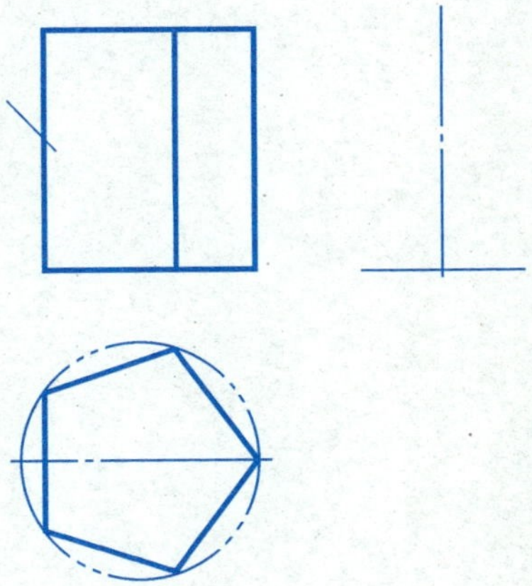

3.

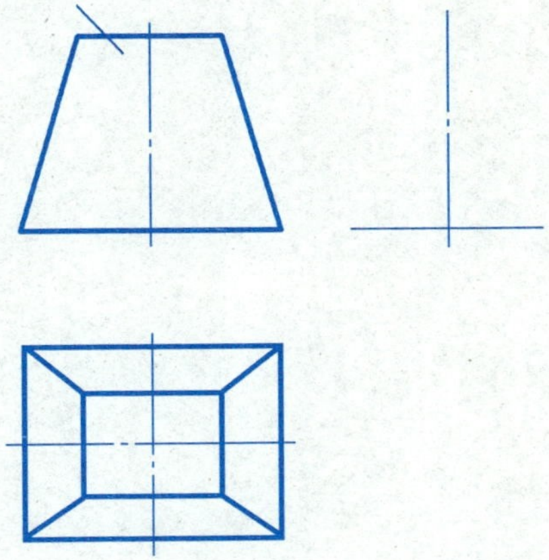

4.

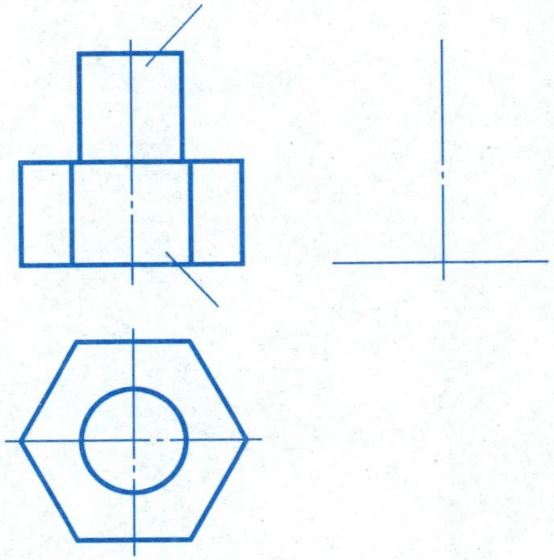

5.

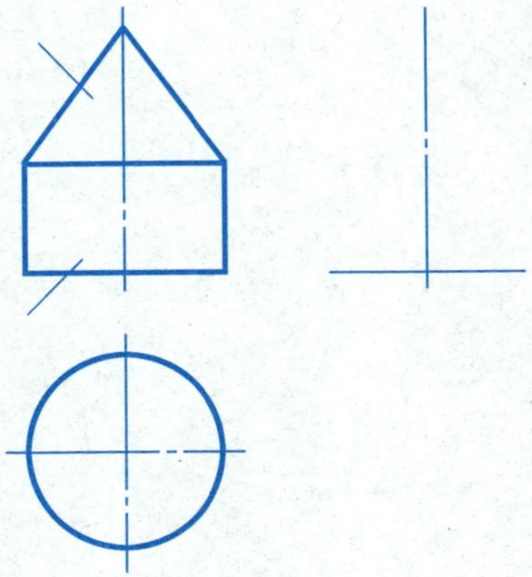

6.

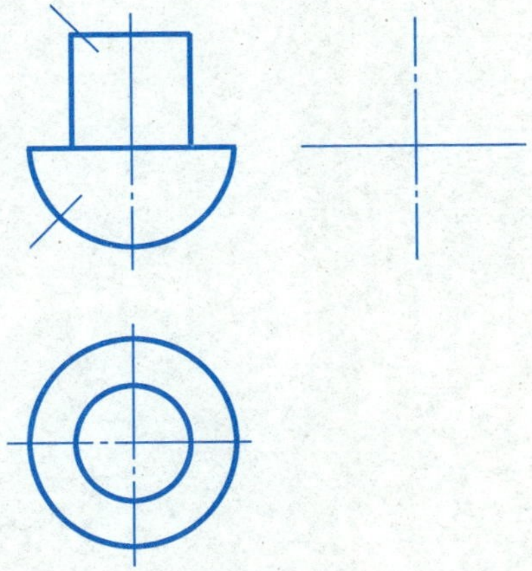

班级　　　　　　姓名　　　　　　学号

2-3 平面的投影

标出立体图上平面 *P*、*Q* 的三面投影并填空。

［例］

该立体表面有：
2 个水平面，
3 个正平面。

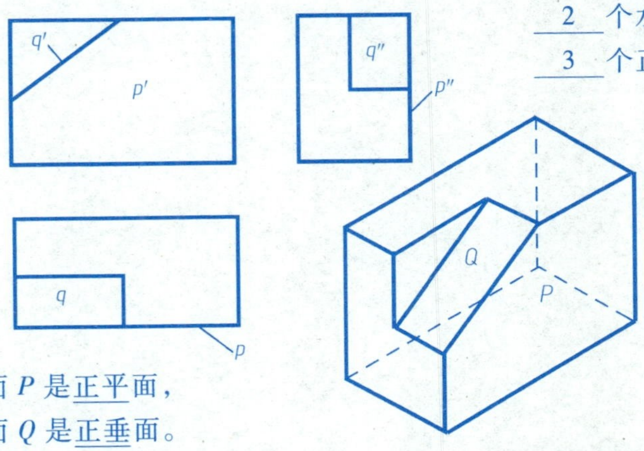

面 *P* 是<u>正平</u>面，
面 *Q* 是<u>正垂</u>面。

1.

该立体表面有：
____个水平面，
____个侧平面。

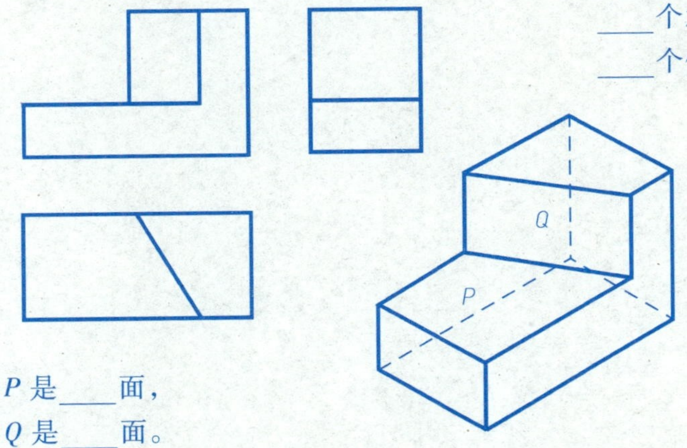

面 *P* 是____面，
面 *Q* 是____面。

2.

该立体表面有：
____个正平面，
____个侧垂面。

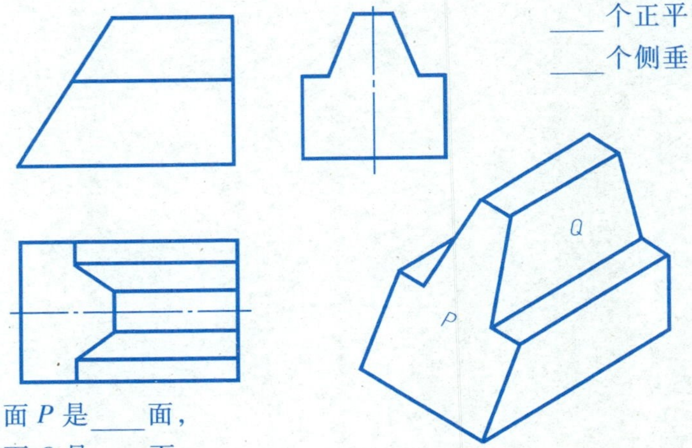

面 *P* 是____面，
面 *Q* 是____面。

3.

该立体表面有：
____个水平面，
____个正垂面。

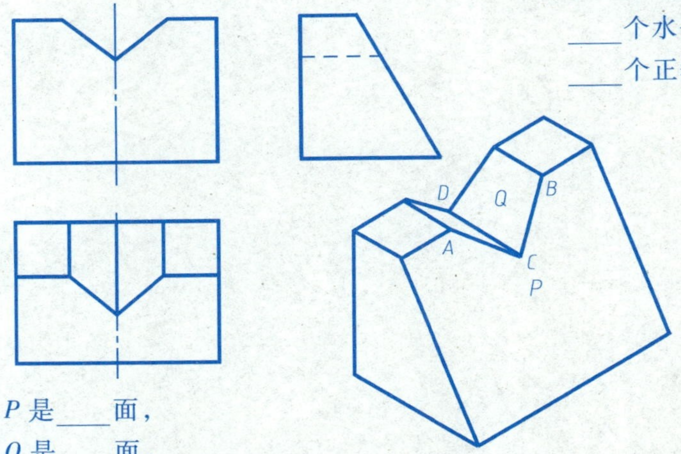

面 *P* 是____面，
面 *Q* 是____面。

2-4 平面切割体

分析截交线的投影，参照立体图补画左视图或俯视图。

1.

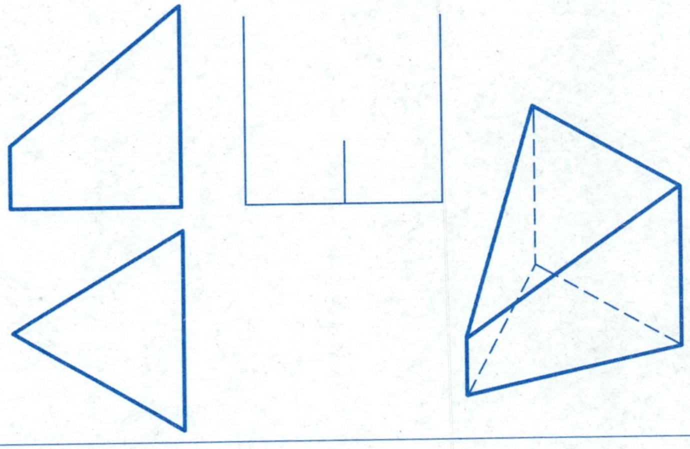

2.

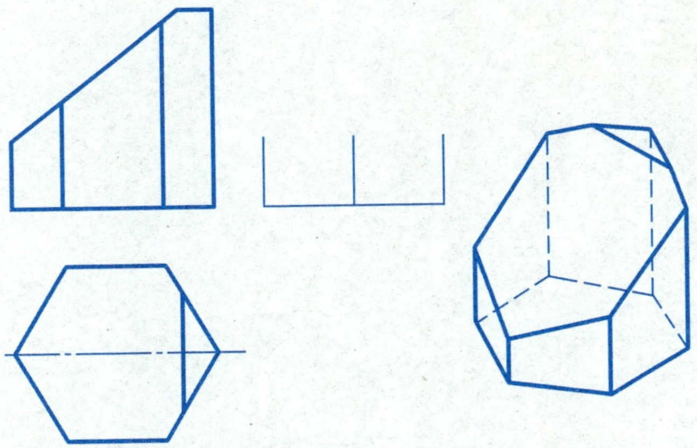

※3.

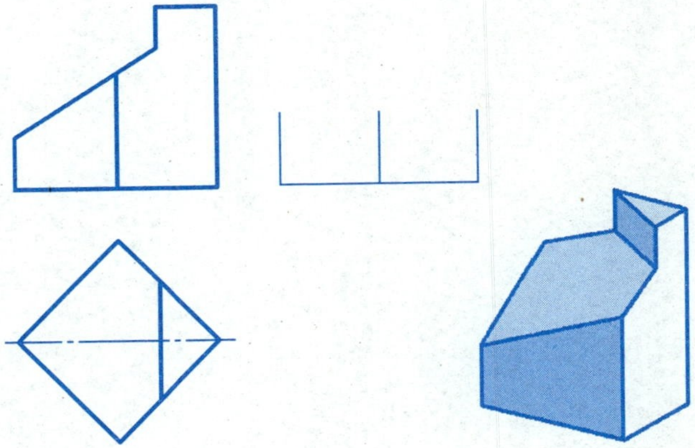

4.

班级　　　　姓名　　　　学号

2-5 看图练习

1. 选择与三视图对应的立体图，将其编号填入括号内。

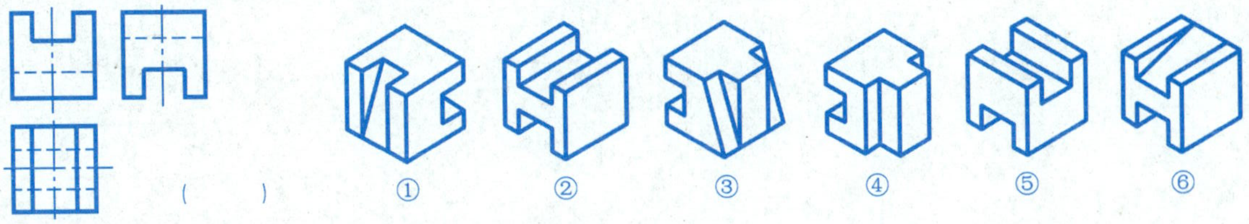

(　　)

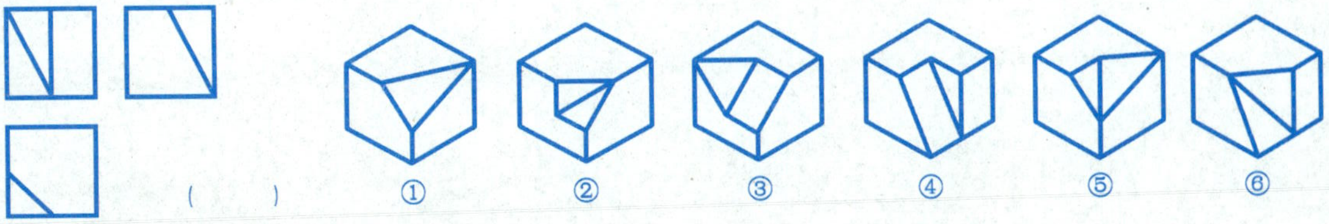

(　　)

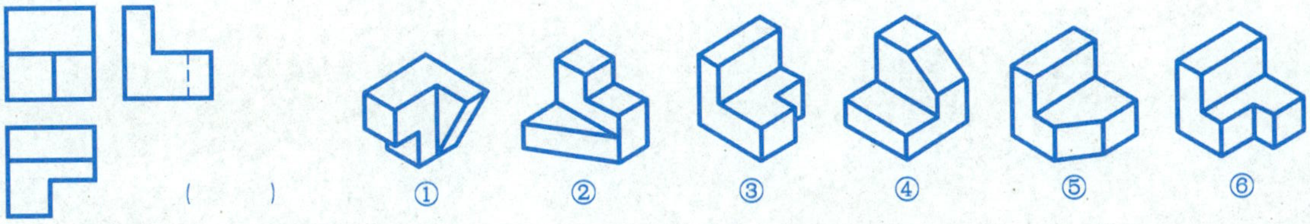

(　　)

2. 选择与主视图对应的俯视图及立体图，将其编号填入表格内。

主视图

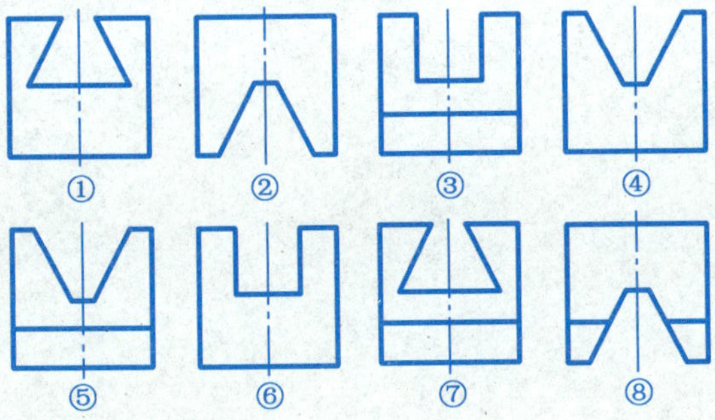

俯视图

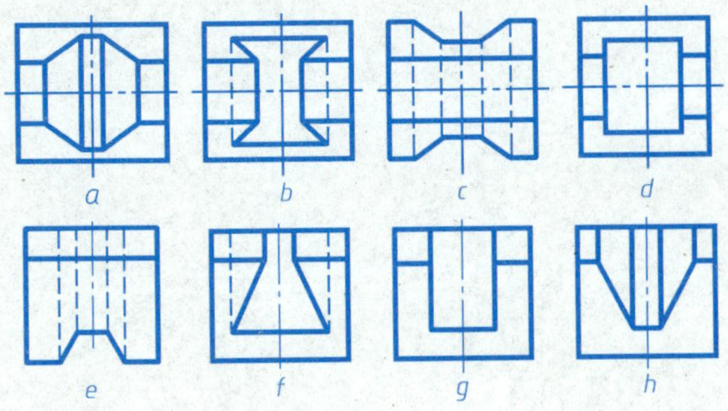

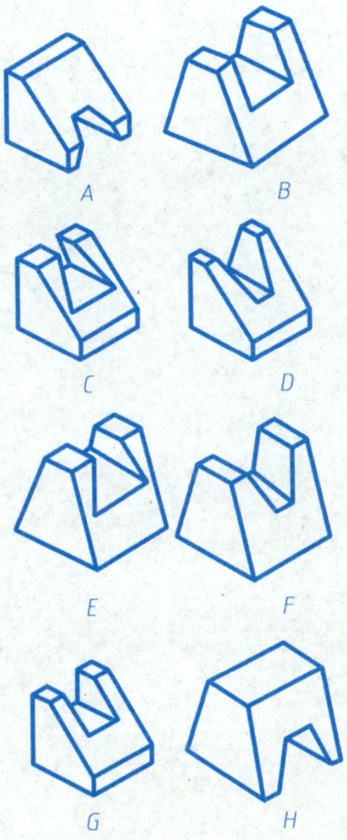

主视图	俯视图	立体图
①	*b*	*E*
②		
③		
④		
⑤		
⑥		
⑦		
⑧		

班级　　姓名　　学号

2-6　完成切割体的投影

1.

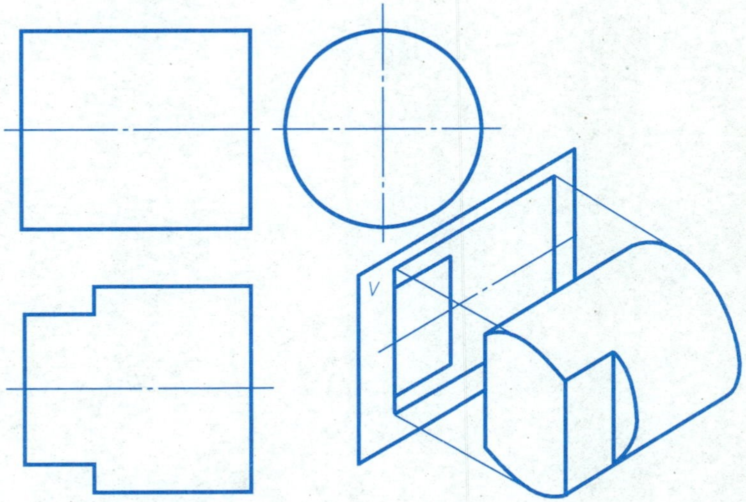

2.

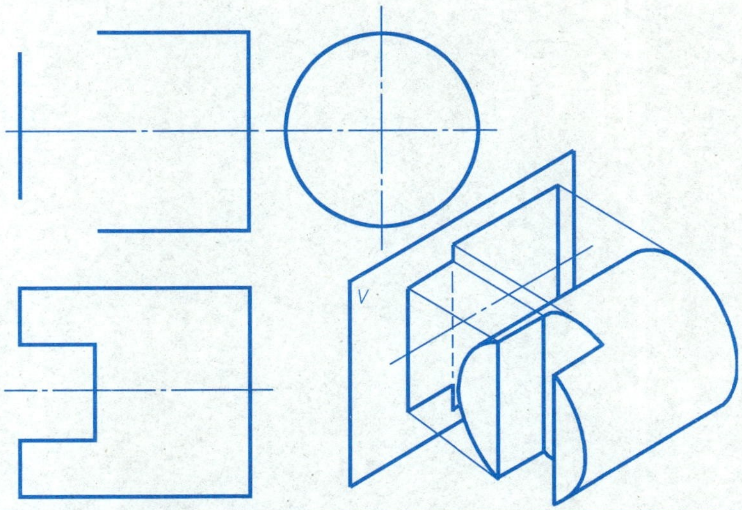

3.

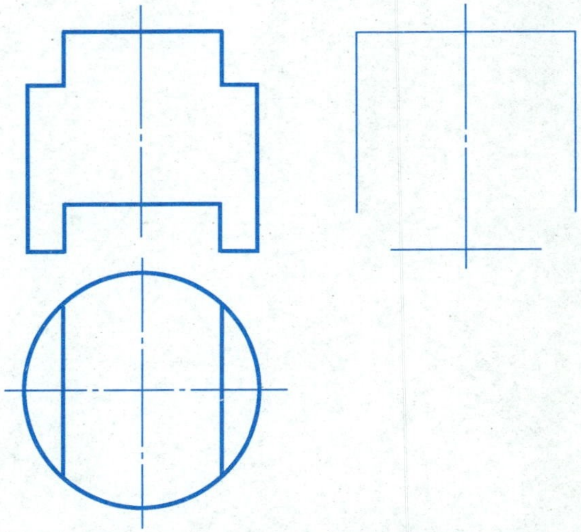

4.

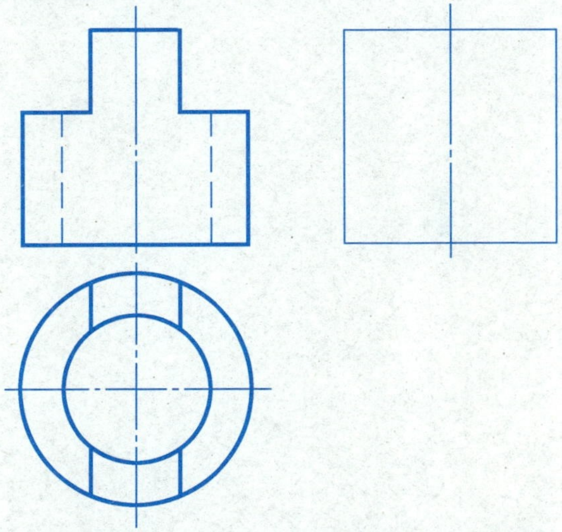

班级　　　　　　姓名　　　　　　学号

2-7　正等轴测图（一）

由三视图画正等轴测图（尺寸从视图中量取，取整数）。

1.

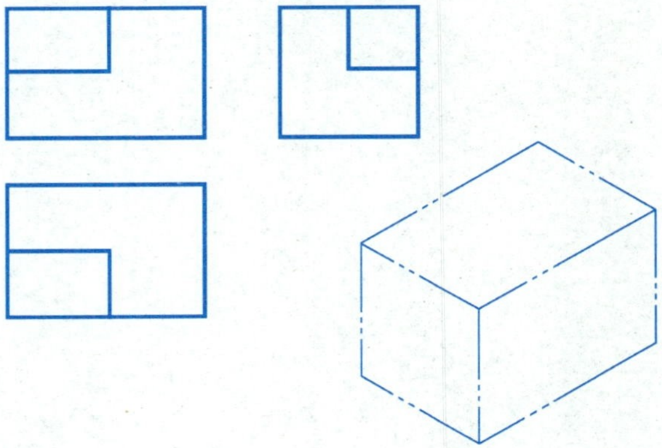

2.

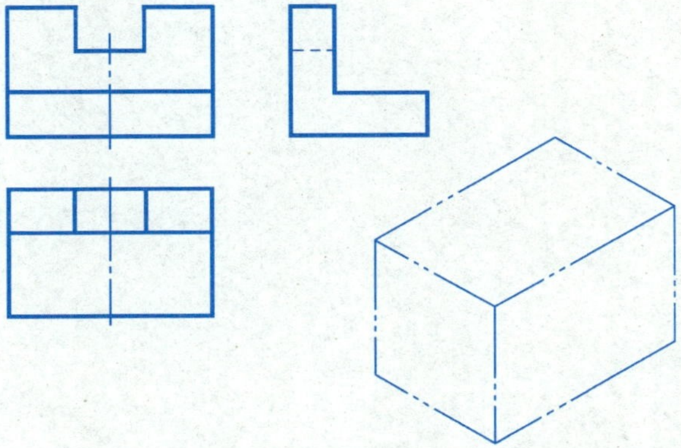

3.

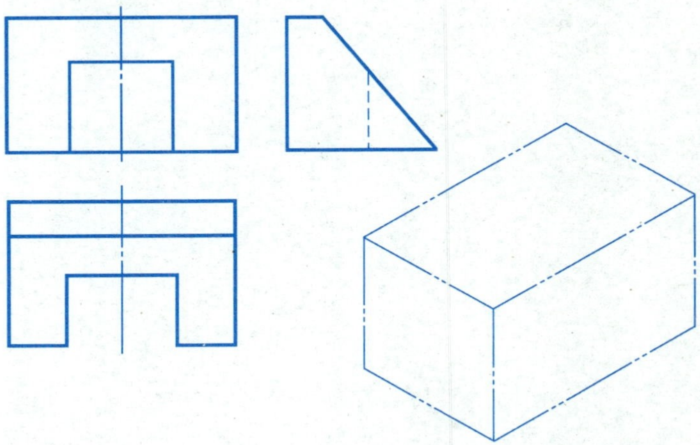

4.

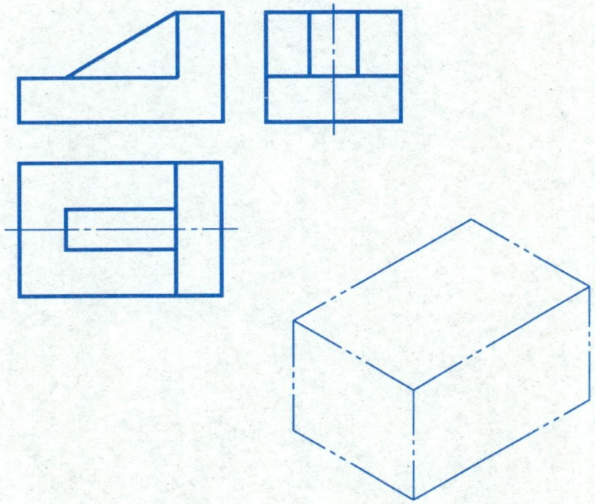

班级　　　　　　姓名　　　　　　学号

2-7 正等轴测图（二）

由视图画正等轴测图（尺寸从视图中量取，取整数）。

1.

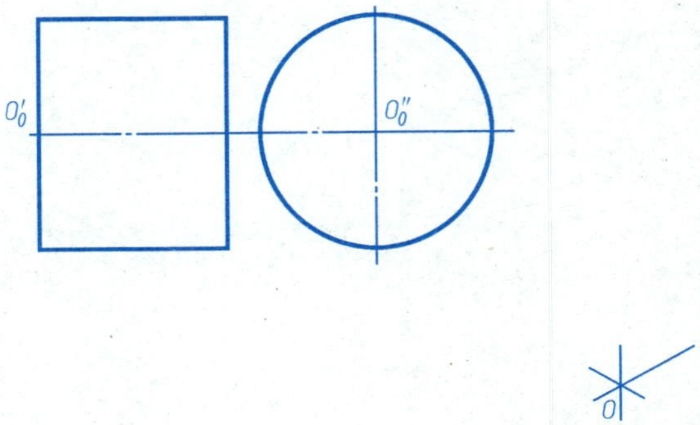

2.

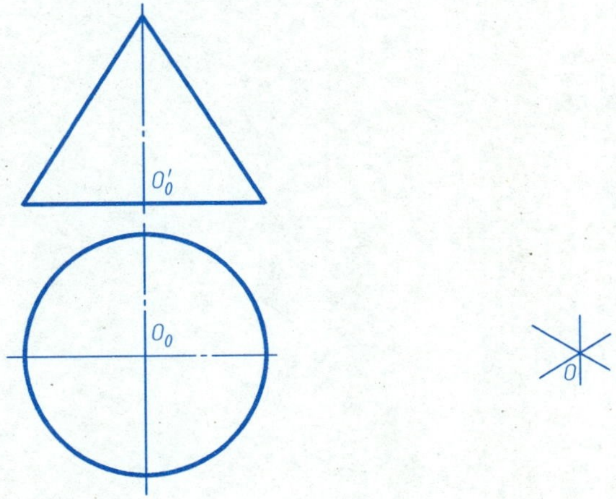

3.

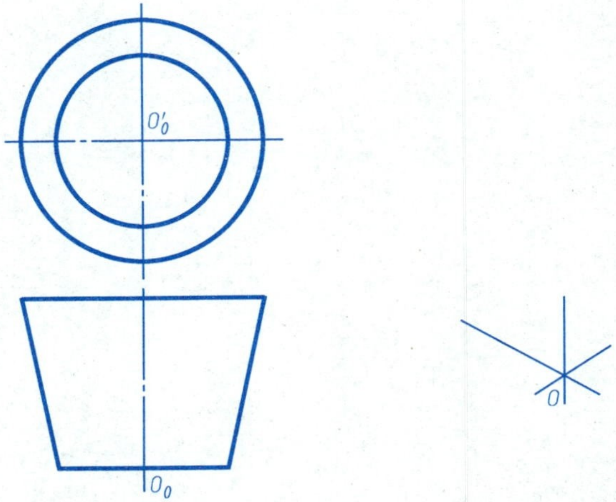

4.

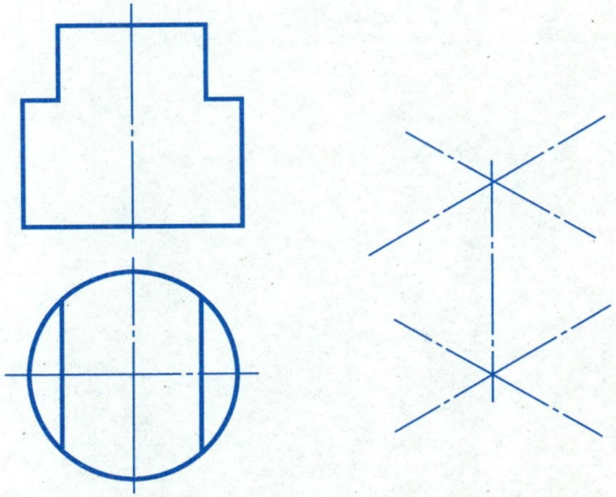

※2-8　斜二轴测图

由视图画斜二轴测图。

1.

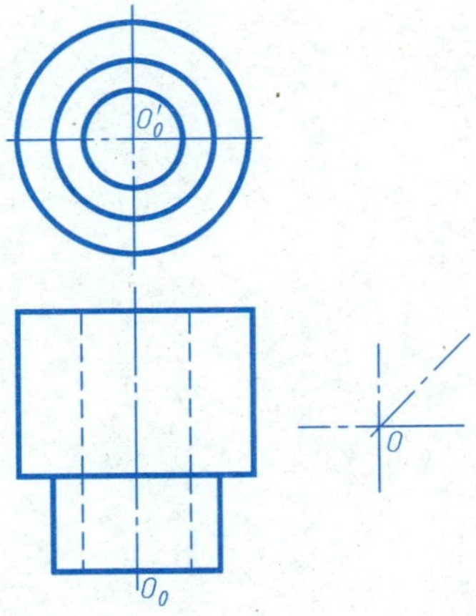

2.

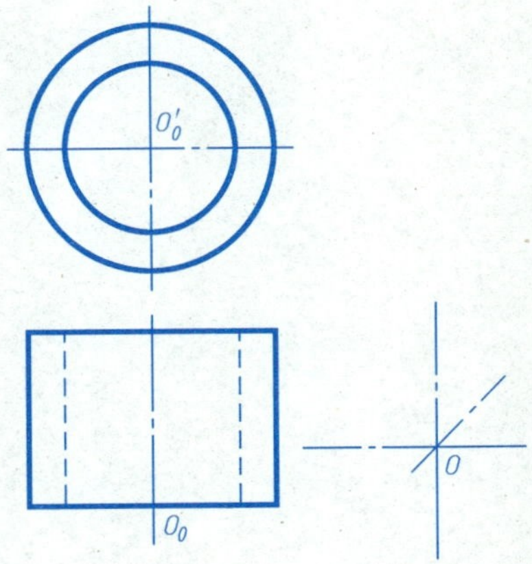

3.

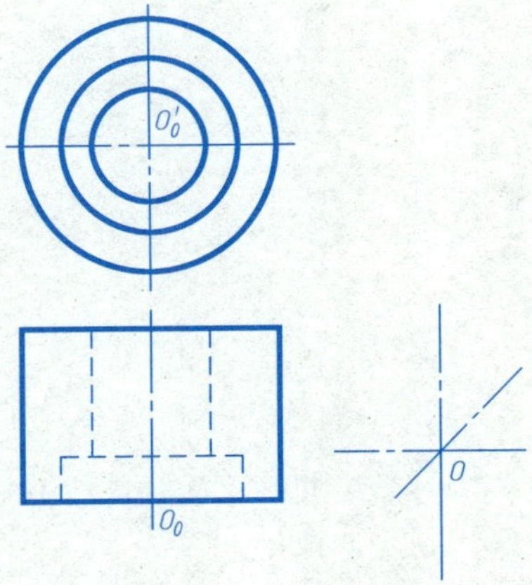

4.

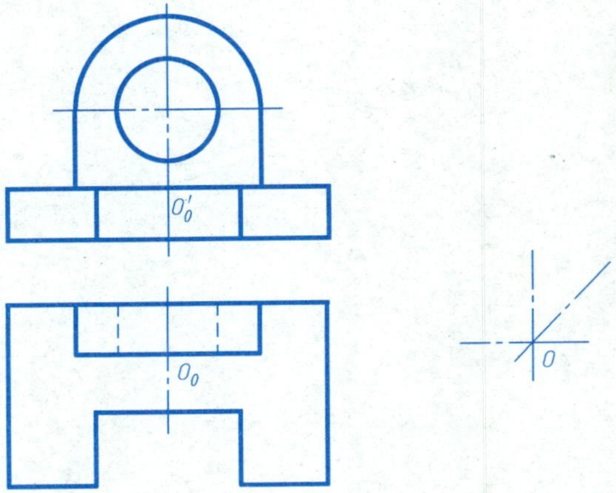

5.

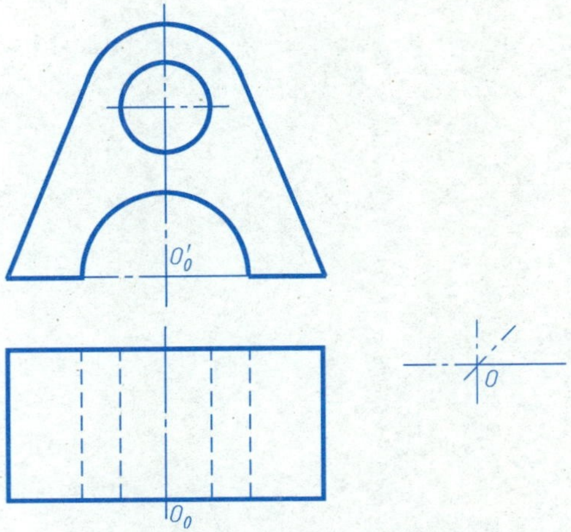

2-9 徒手作图基本练习

圆

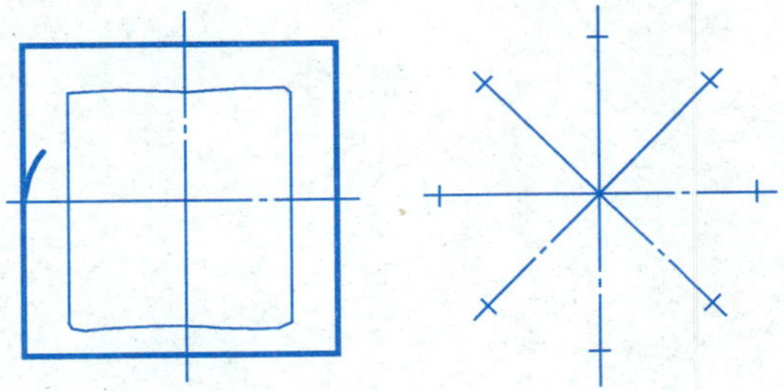

椭圆

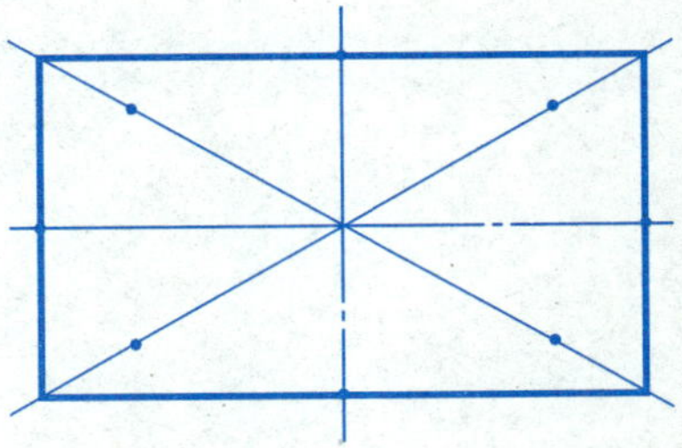

圆弧（补画对称的另一侧）

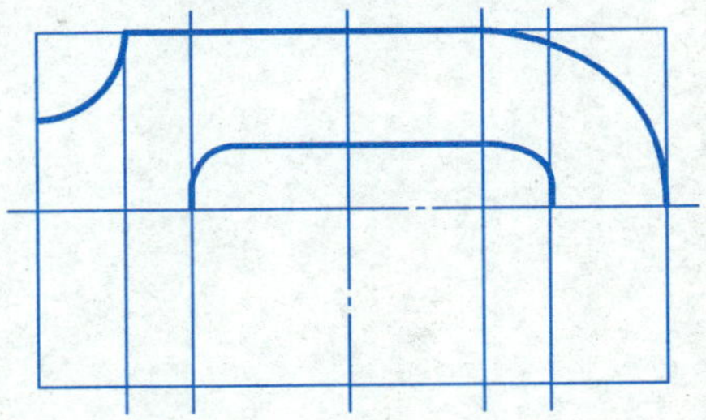

角度（由给出点向右上方画不同角度的线段）

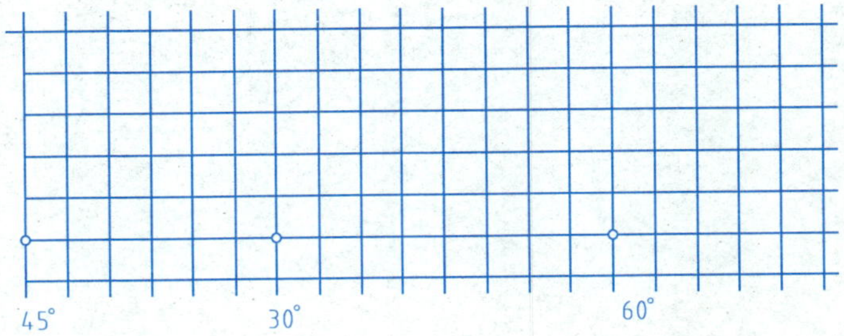

圆柱和圆锥

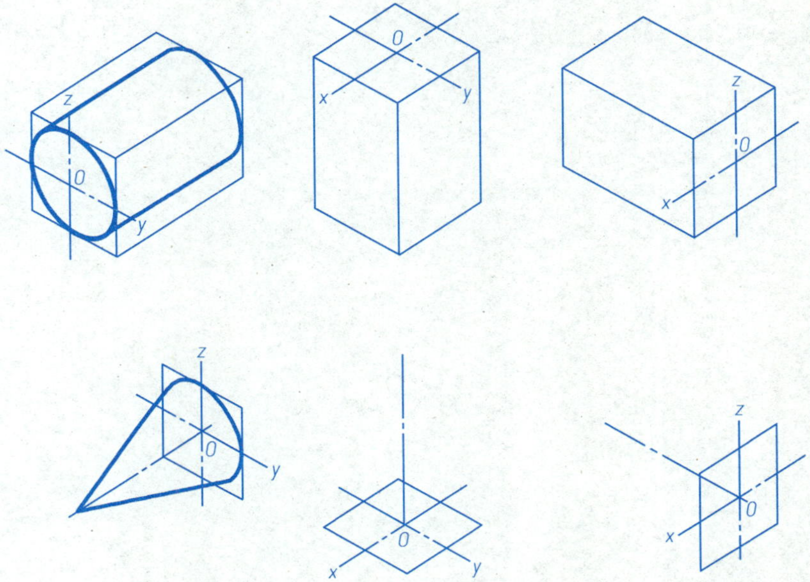

四分之一圆弧

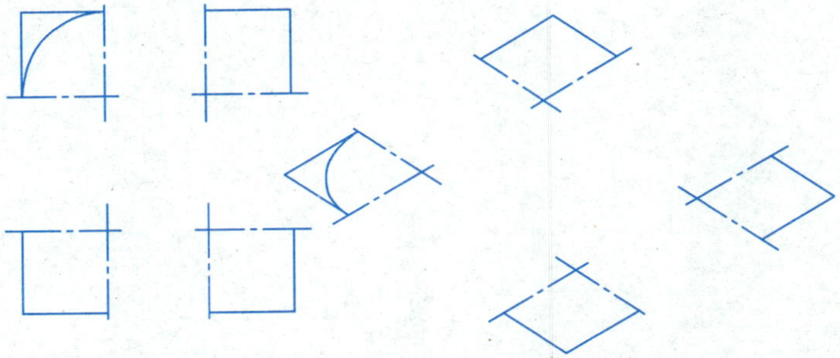

班级　　　　姓名　　　　学号

2-10　由视图徒手画轴测草图

1.

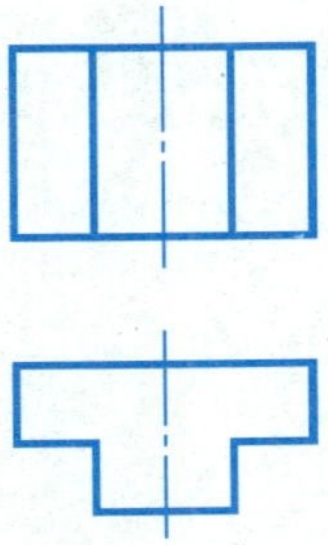

2.

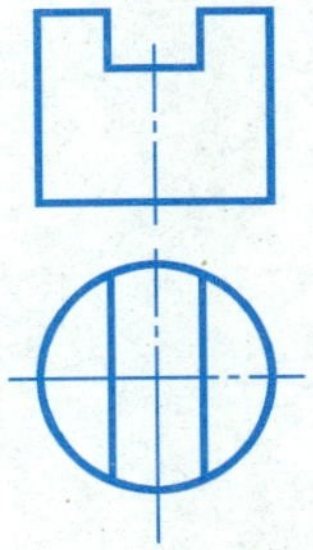

3.

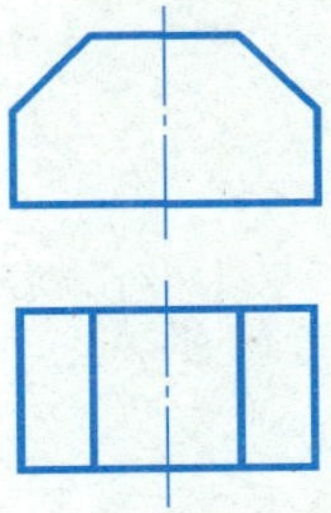

4.

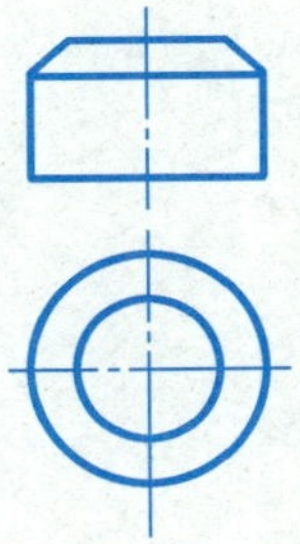

班级　　　　姓名　　　　学号

1. 填空题（每空 1 分）。

（1）正面投影是由__________向__________投射所得的图形，称为__________视图；水平投影是由__________向__________投射所得的图形，称为__________视图；侧面投影是由__________向__________投射所得的图形，称为__________视图。

（2）三视图之间的投影对应关系是：主、俯视图__________，主、左视图__________，俯、左视图__________，且__________对应。

（3）平面平行于投影面，其投影反映空间平面的__________；平面垂直于投影面，其投影为__________；平面倾斜于投影面，其投影为空间平面的__________形。

2. 根据给出的视图轮廓，想象物体形状，补画所缺图线（每题 6 分）。

（1）

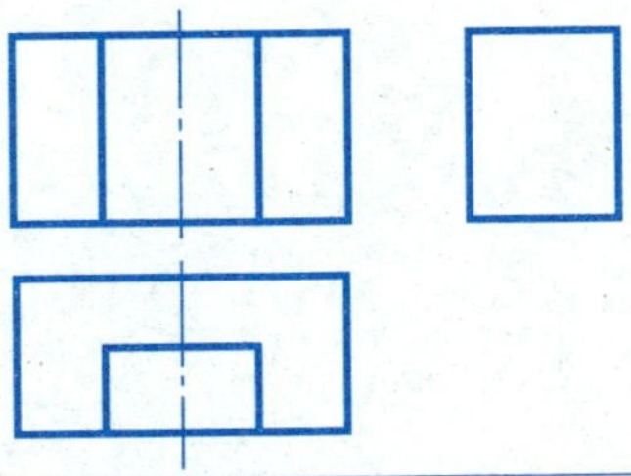

（2）

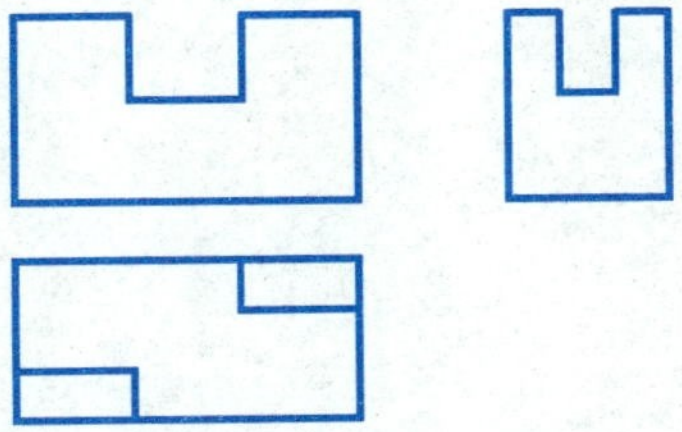

（3）

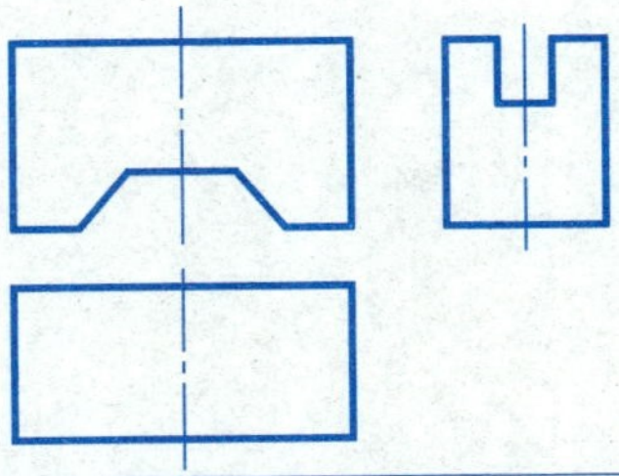

3. 参照立体图，补画俯视图（6 分）。

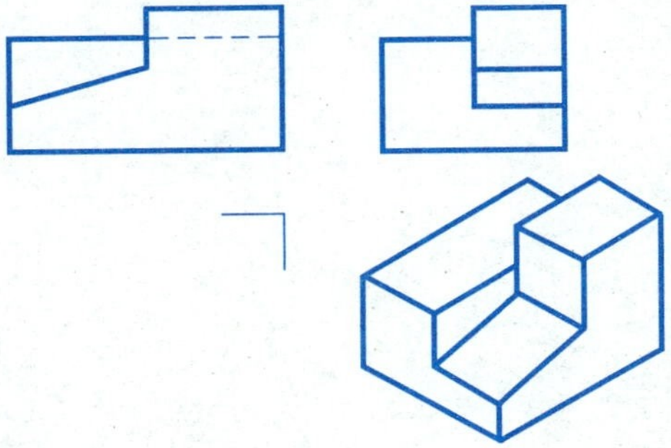

4. 看懂两视图，补画左视图（6 分）。

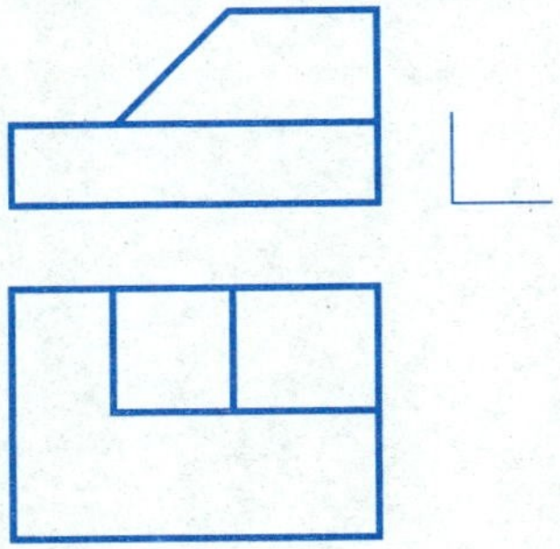

5. 在三视图中标出指定平面的另外两个投影，并在立体图上用大写字母标出各平面的位置（6 分）。

面 P 是__________面，

面 Q 是__________面，

面 R 是__________面。

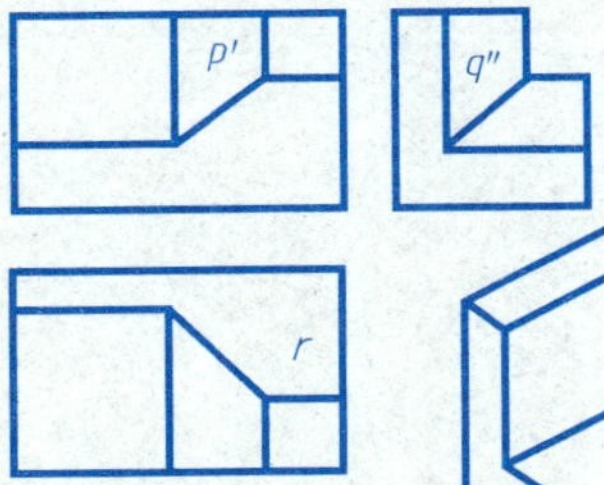

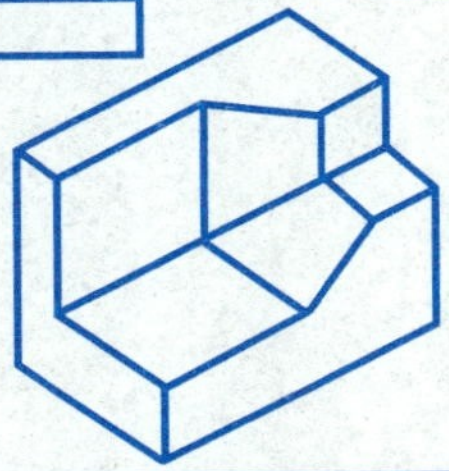

3-2 补全相贯线的投影

作出特殊点和中间点，光滑连成曲线。

1.

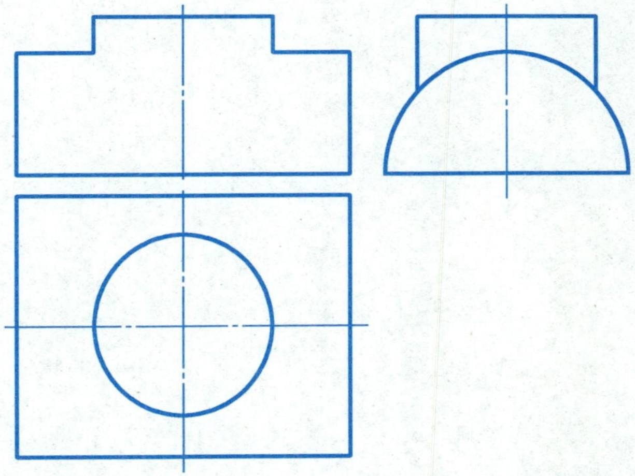

2.

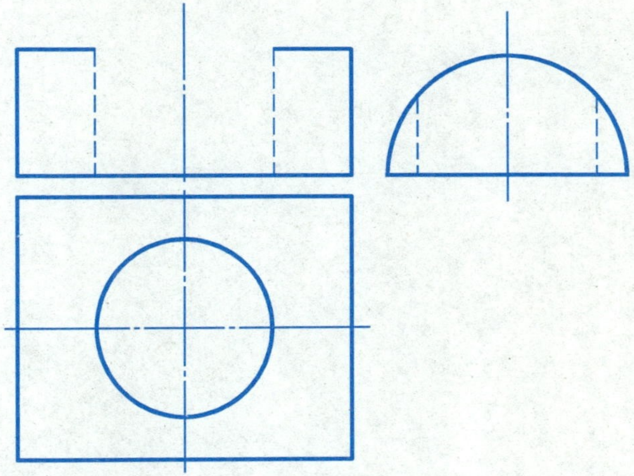

3.

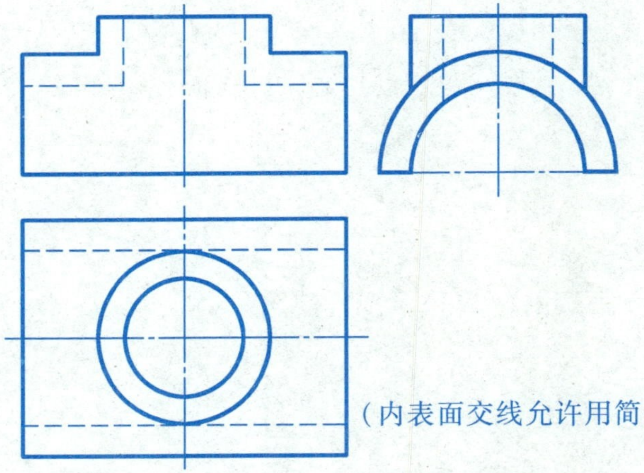

（内表面交线允许用简化画法）

4.

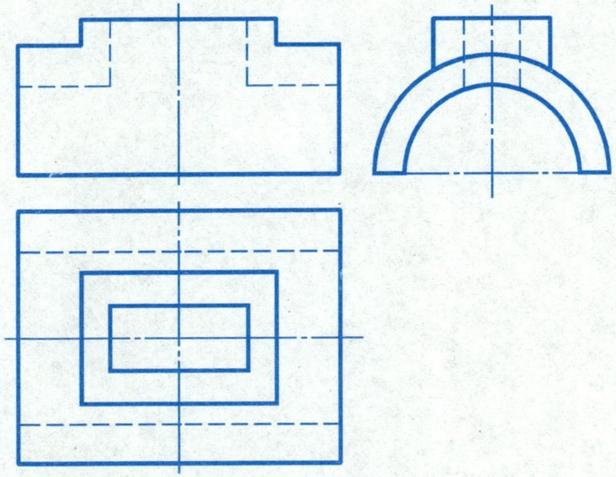

班级　　　　　　姓名　　　　　　学号

3-3 按形体分析的方法逐步画出轴测图所示组合体的三视图

1. 叠加型。

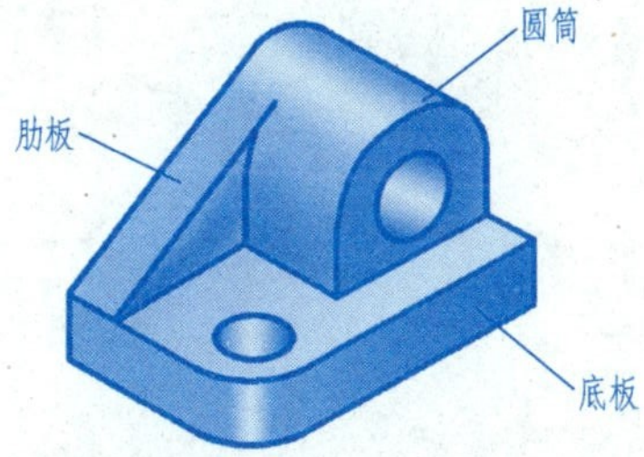

（1）画底板左视图。

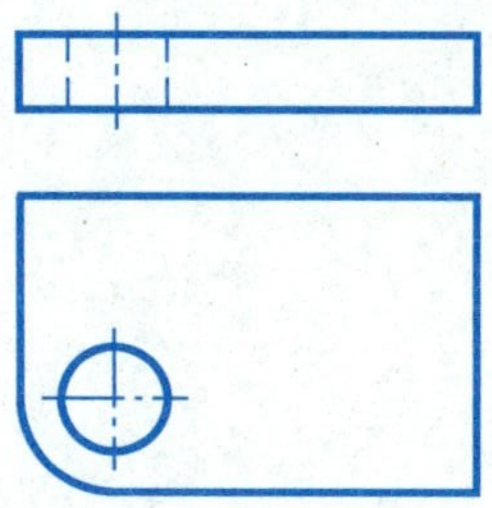

（2）加圆筒后画左视图。

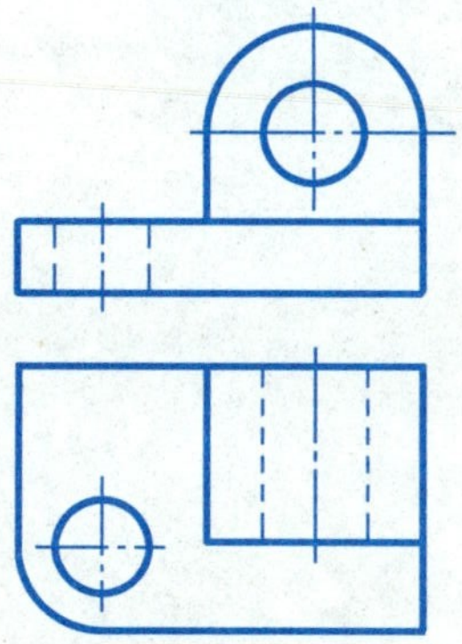

（3）加肋板后完成组合体的左视图。

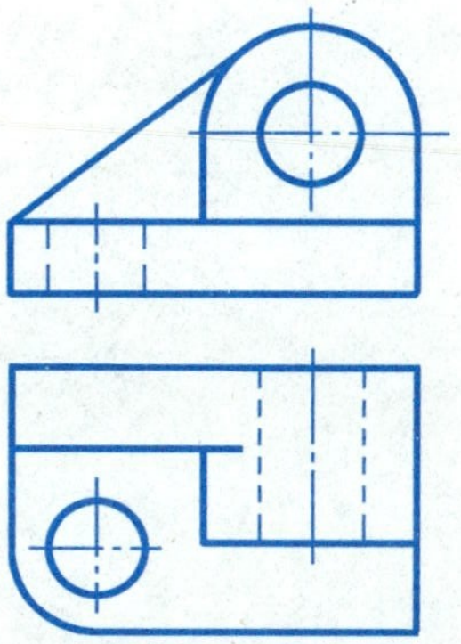

2. 切割型。

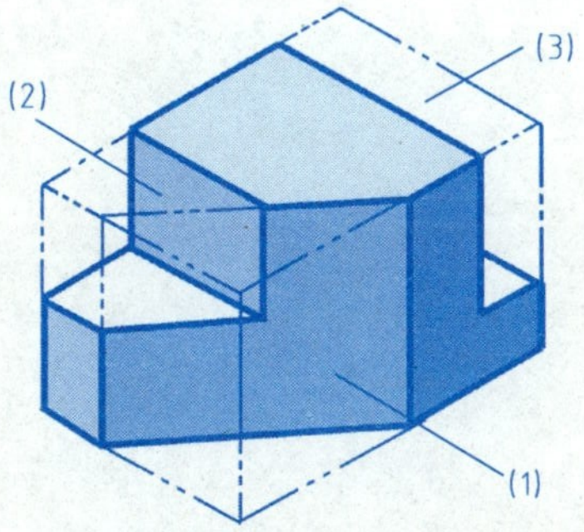

（1）第一次切割后补画左视图。

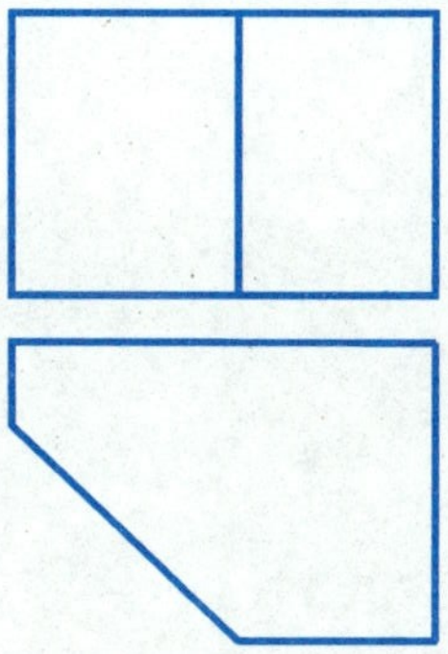

（2）第二次切割后补画左视图。

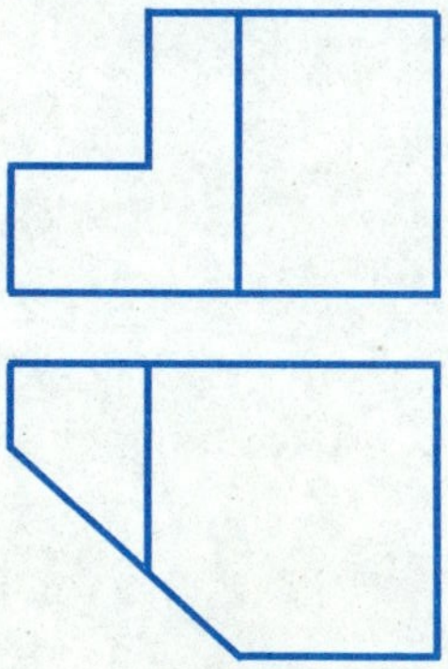

（3）第三次切割后完成组合体的左视图。

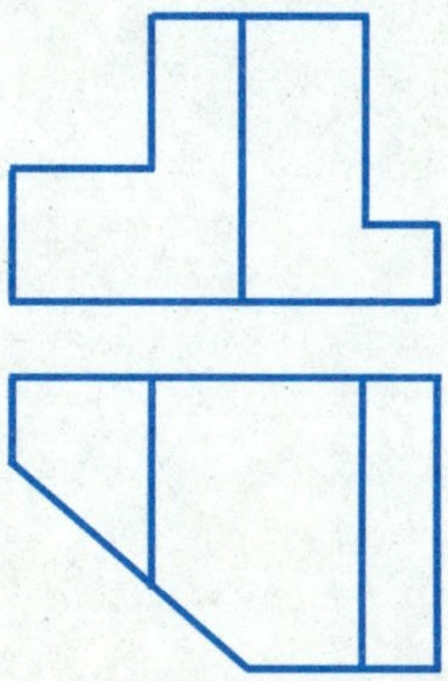

班级　　姓名　　学号

3-4 参照轴测图和给定的视图补画其他视图

1.

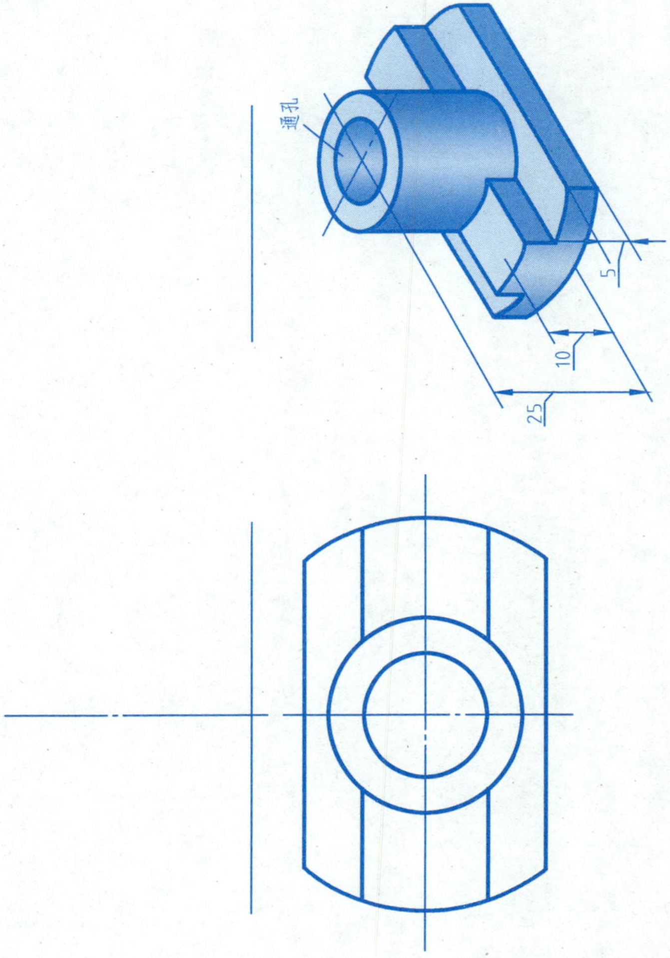

2.

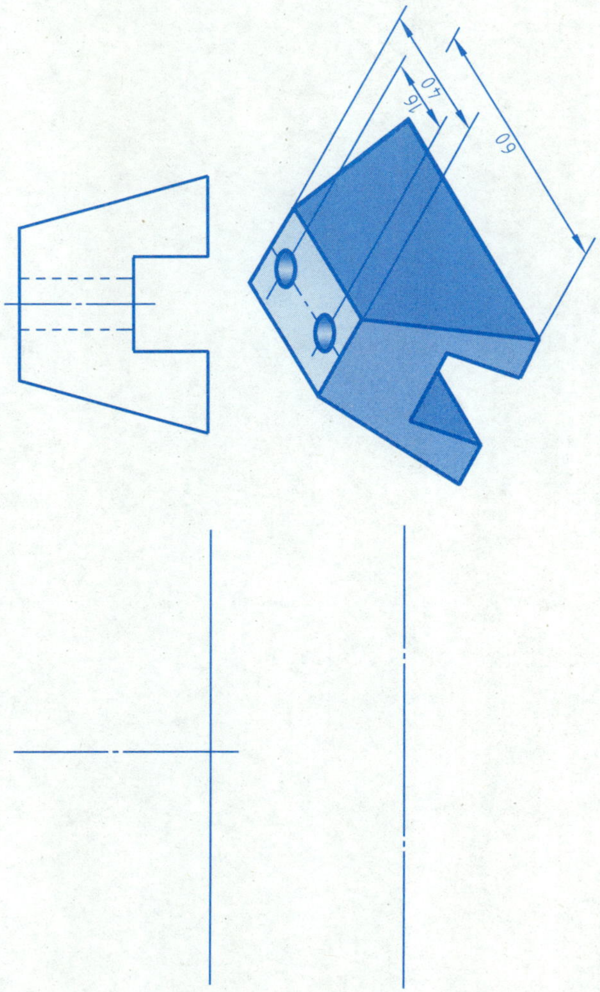

3-5 根据本页轴测图在下页徒手画三视图（可任选六题）（一）

(1)

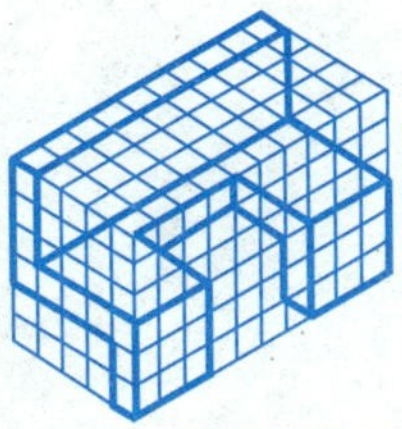

(2)

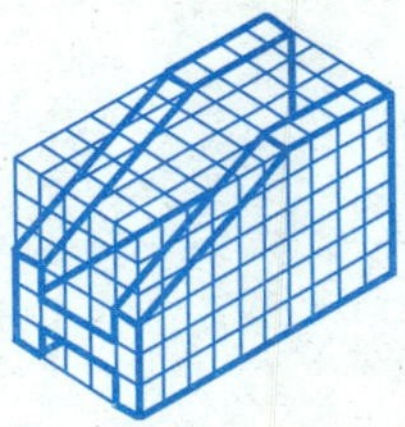

(3)

(4)

(5)

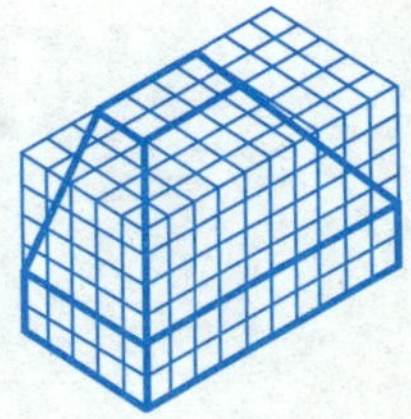

(6)

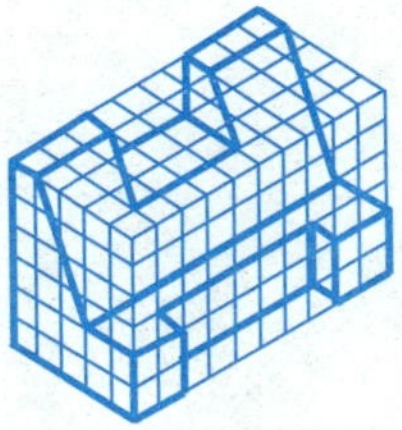

(7)

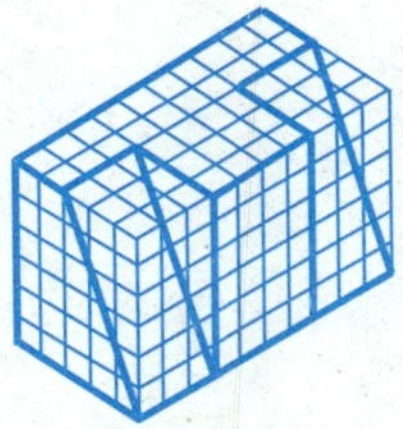

(8)

(9)

(10)

(11)

(12)

(13)

(14)

(15)

(16)

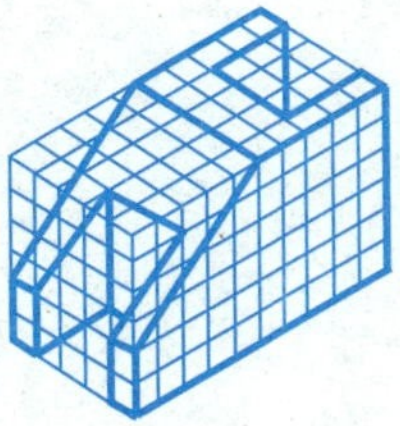

(17)

(18)

(19)

(20)

班级　　　　姓名　　　　学号

3-5 根据上页轴测图徒手画三视图（可任选六题）（二）

班级　　　　姓名　　　　学号

3-6 标注尺寸（标出尺寸线和尺寸界线，不写数值）

1.

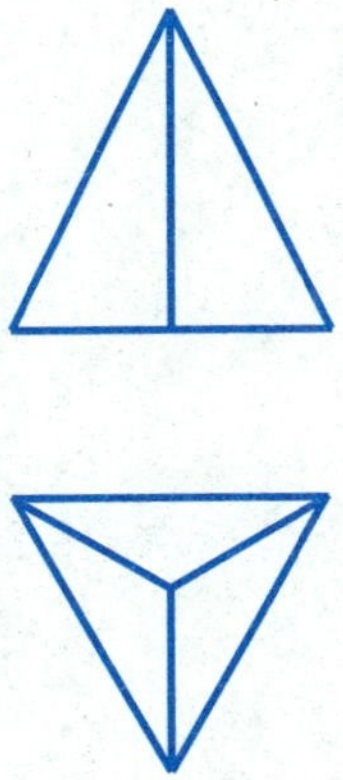

2.

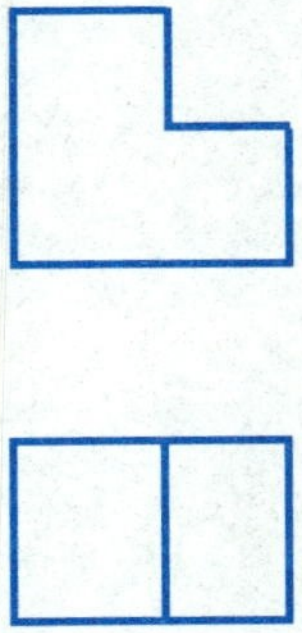

3.

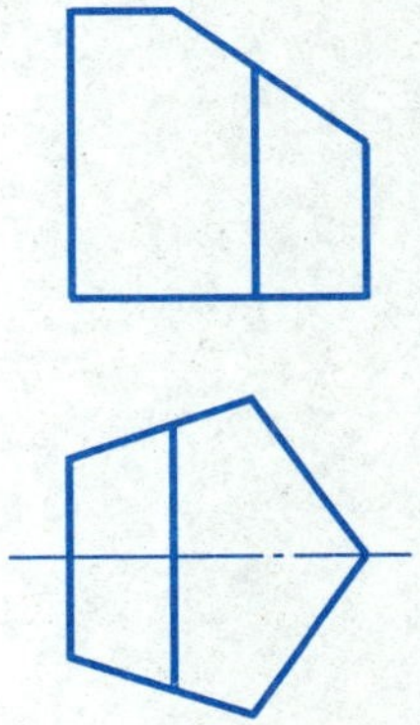

4.

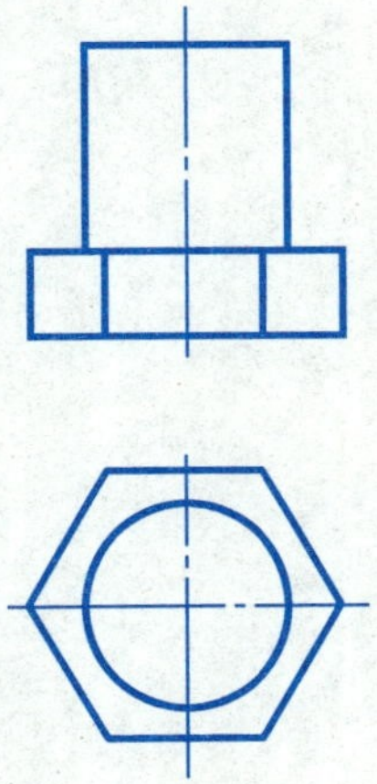

5.

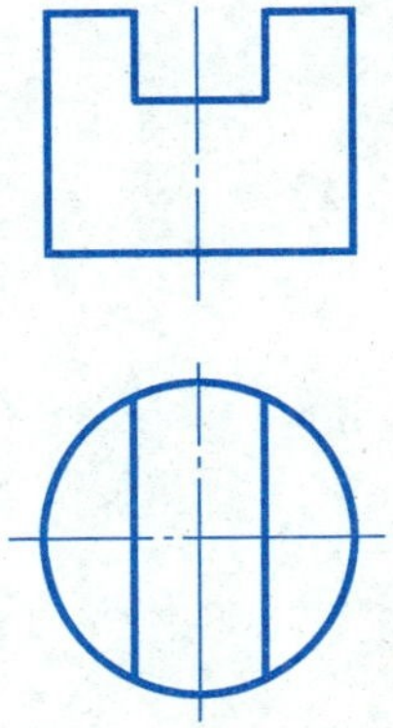

6.

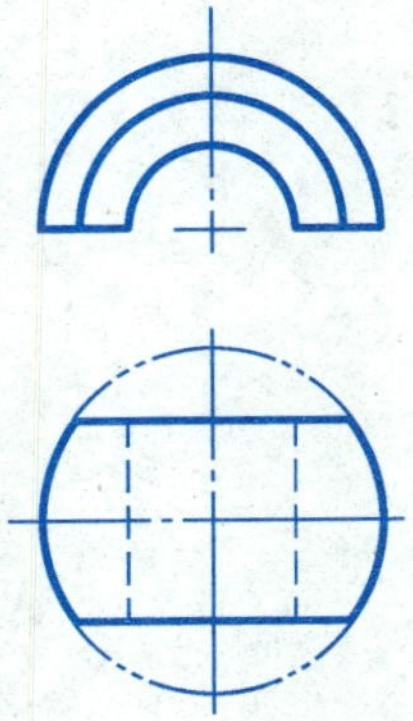

7.

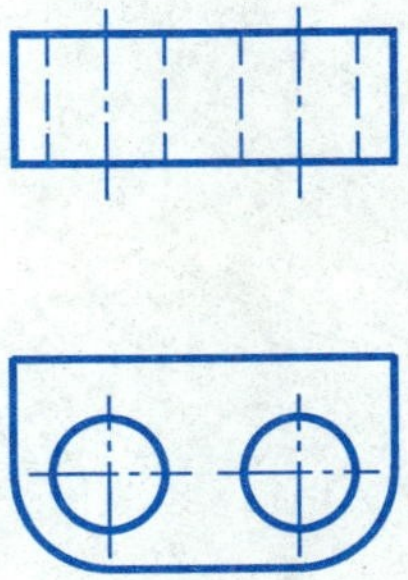

8.

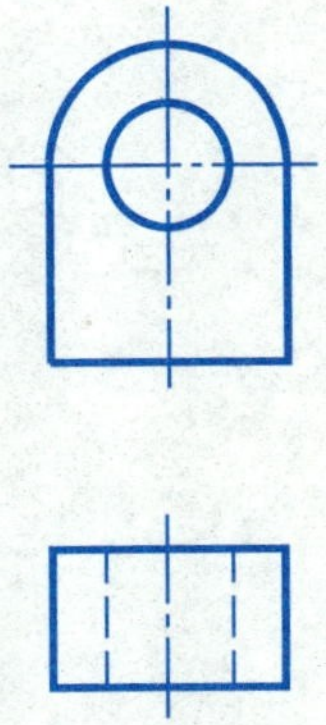

班级　　　　姓名　　　　学号

3-7 标注组合体尺寸

用符号▽标出宽度、高度方向主要尺寸基准，并补注视图中遗漏的尺寸（不标注数值）。

1.

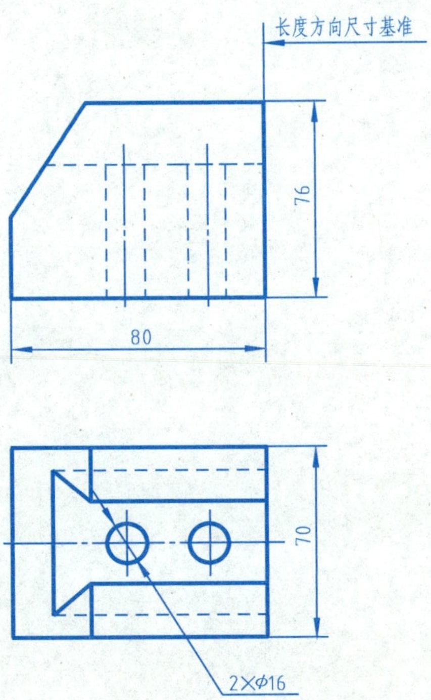

2.

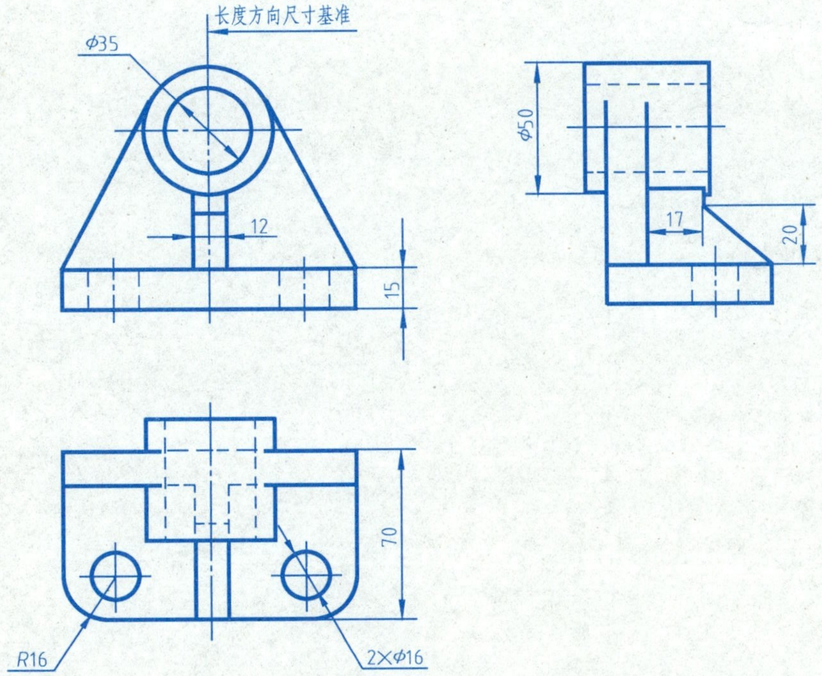

3-8　参照轴测图，根据给出的主视图补画俯、左视图（立体的宽度为 10mm）

1.

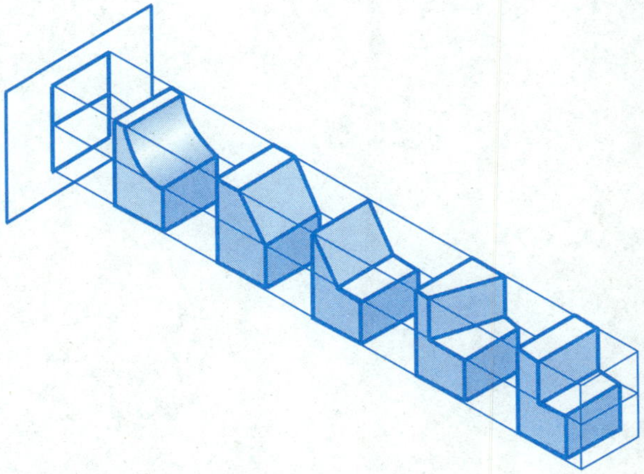

(1)

(2)

(3)

(4)

(5)

2.

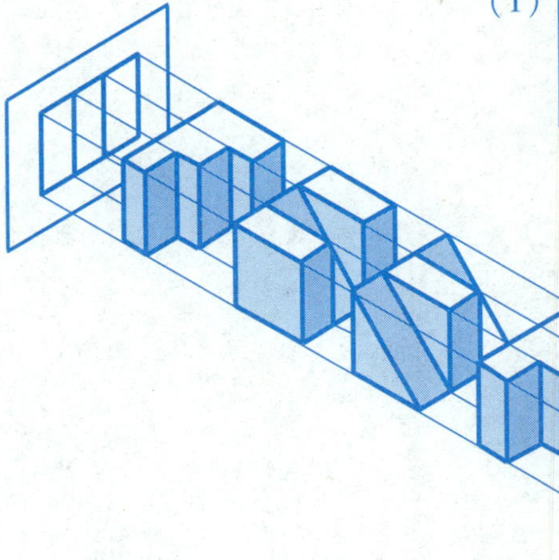

(1)

(2)

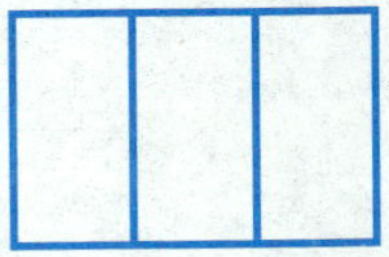

(3)

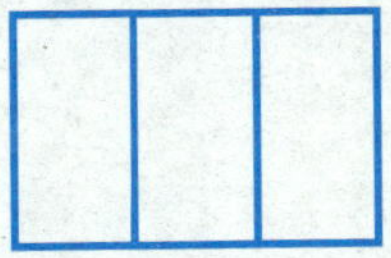

(4)

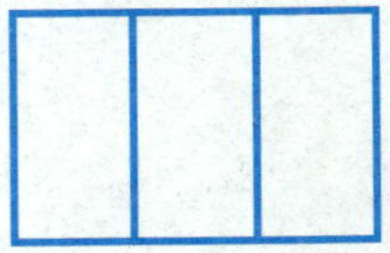

(5)

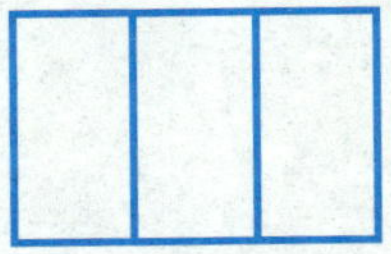

3-9 读懂组合体的三视图，并填空

［例］

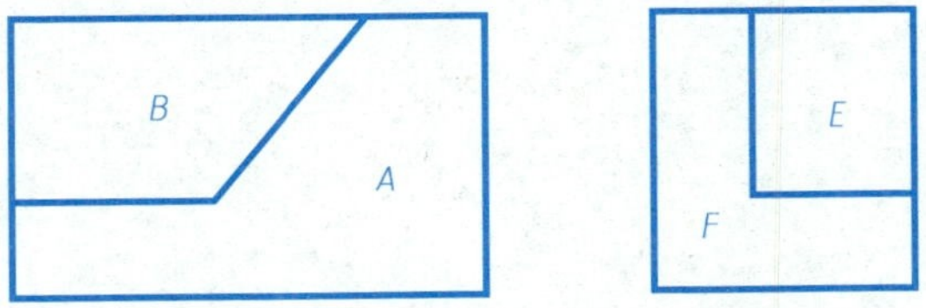

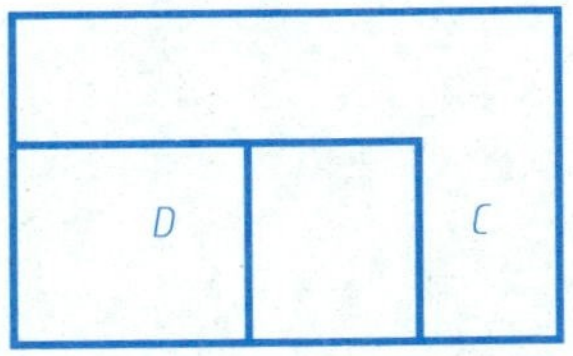

线框 *F* 表示侧平面，
线框 *E* 表示正垂面，
面 *A* 在面 *B* 之前（前、后），
面 *C* 在面 *D* 之上（上、下），
面 *E* 在面 *F* 之右（右、左）。

1.

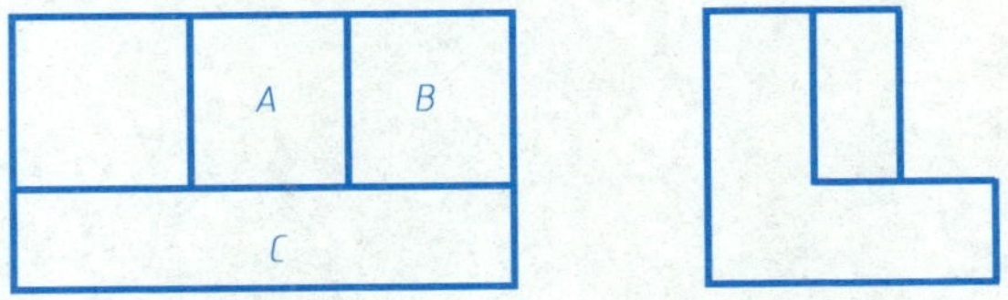

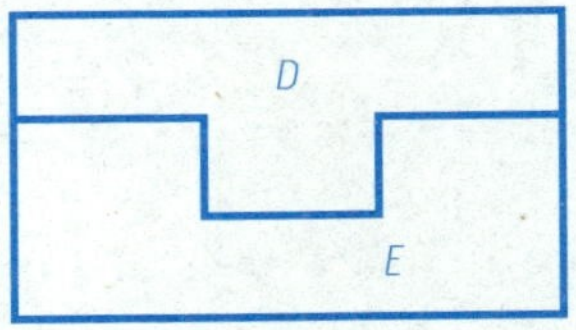

线框 *A* 表示________面，
线框 *E* 表示________面，
面 *A* 在面 *B* 之________（前、后），
面 *C* 在面 *B* 之________（前、后），
面 *D* 在面 *E* 之________（上、下）。

2.

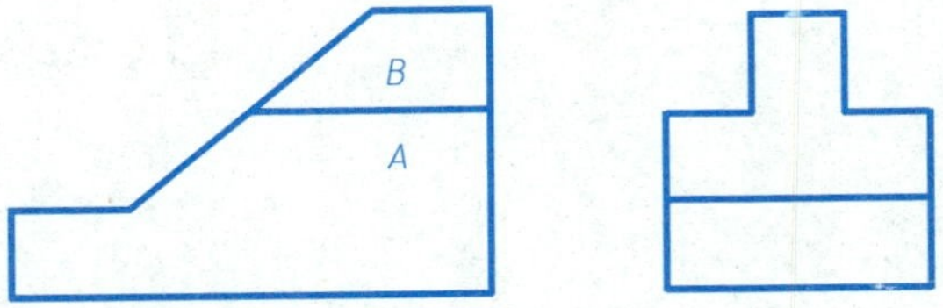

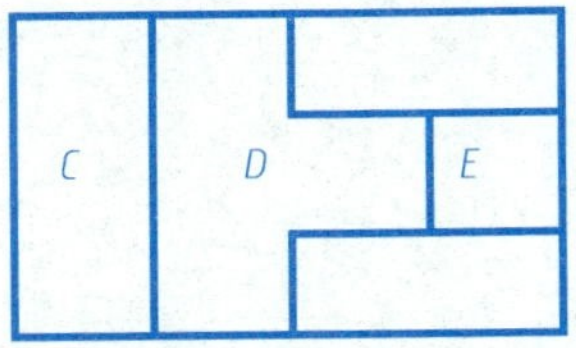

线框 *A* 表示________面，
线框 *D* 表示________面，
面 *A* 在面 *B* 之________（前、后），
面 *C* 在面 *E* 之________（上、下），
将面 *D* 在主、俯、左视图中的投影用铅笔涂黑（如为积聚投影，则将其涂黑）。

3.

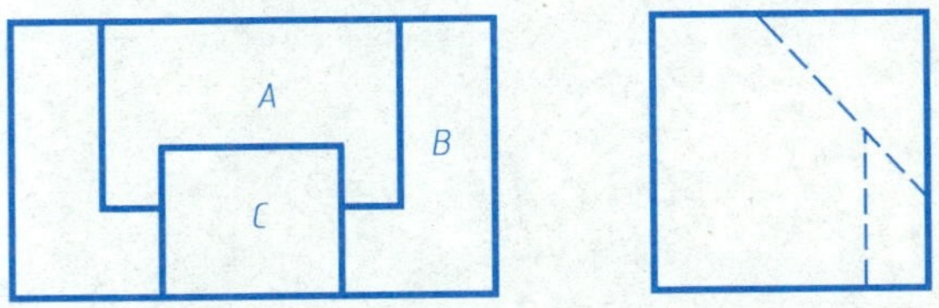

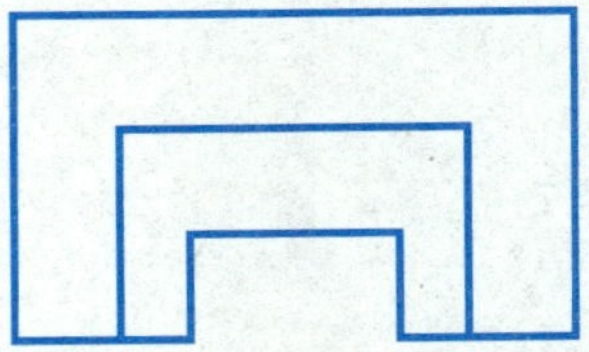

线框 *A* 表示________面，
线框 *C* 表示________面，
面 *B* 在面 *C* 之________（前、后），
将面 *A* 在主、俯、左视图中的投影用铅笔涂黑（如为积聚投影，则将其涂黑）。

3-10 已知主视图和俯视图，选出正确的左视图，在括号内画“√”

1.

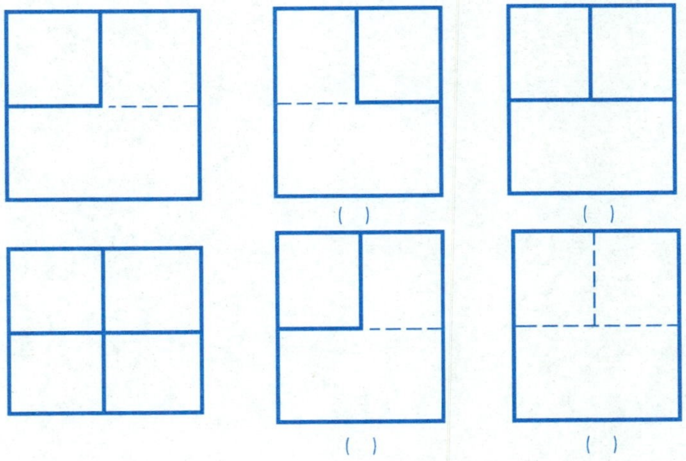

2.

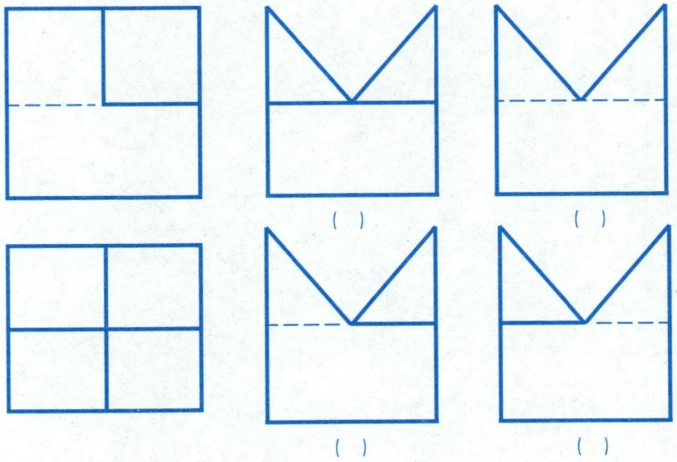

3.

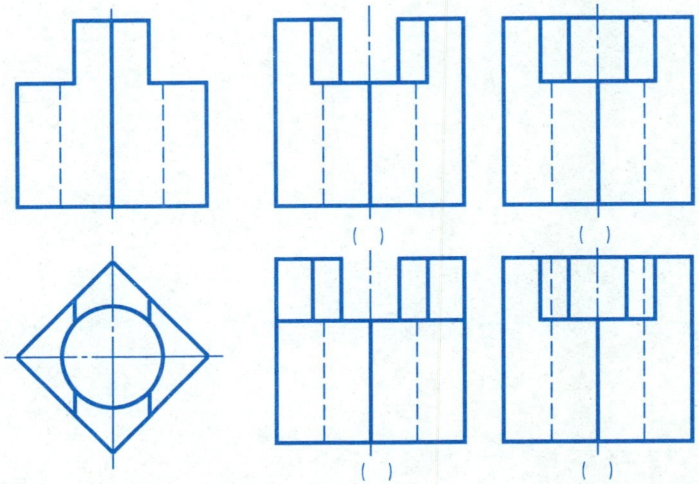

4.

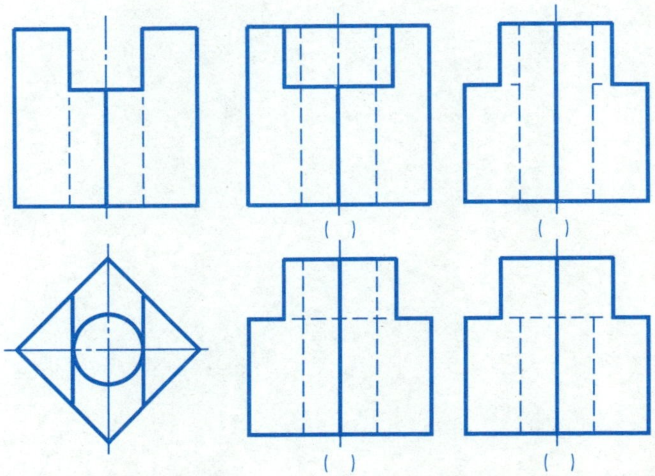

班级　　　　姓名　　　　学号

3-11　根据给定的主、俯两个视图补画左视图（有多种答案，至少画出两个）

1.

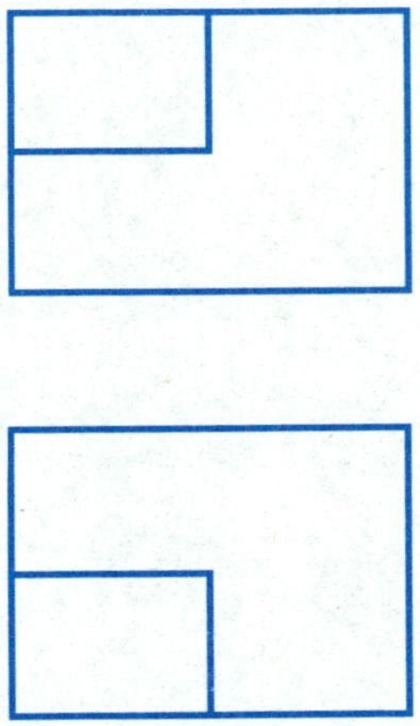

2.

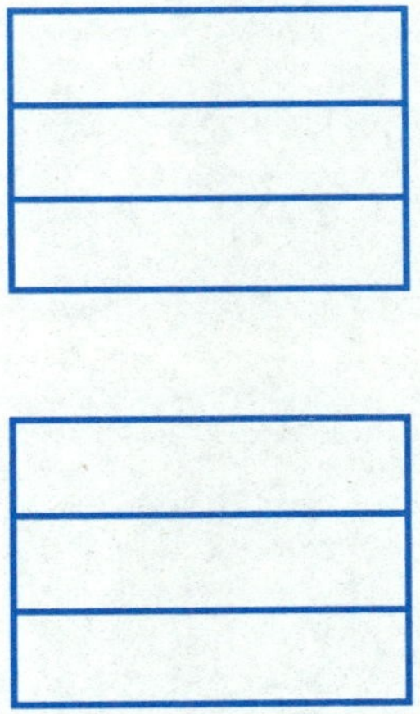

3.

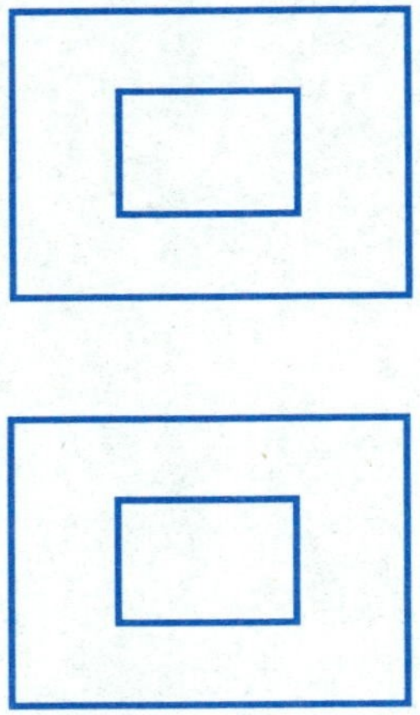

4.

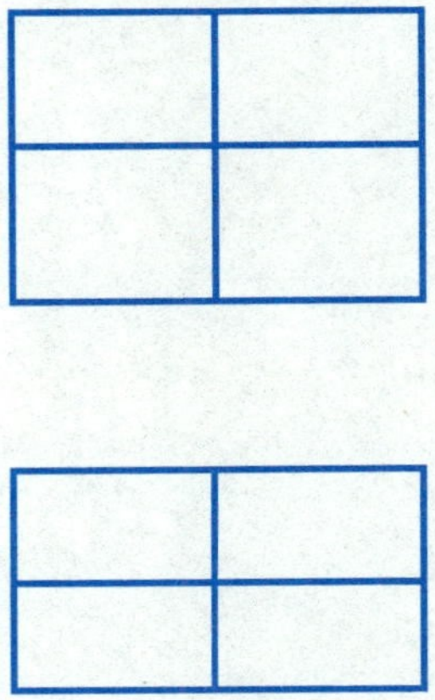

班级　　　　　姓名　　　　　学号

3-12 由已知两视图补画第三视图

1.

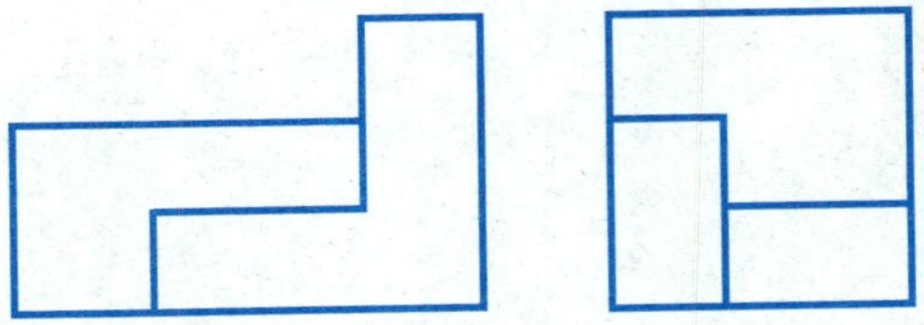

2.

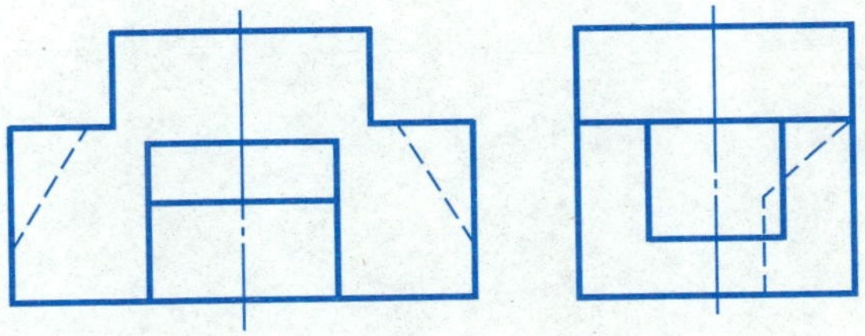

3.

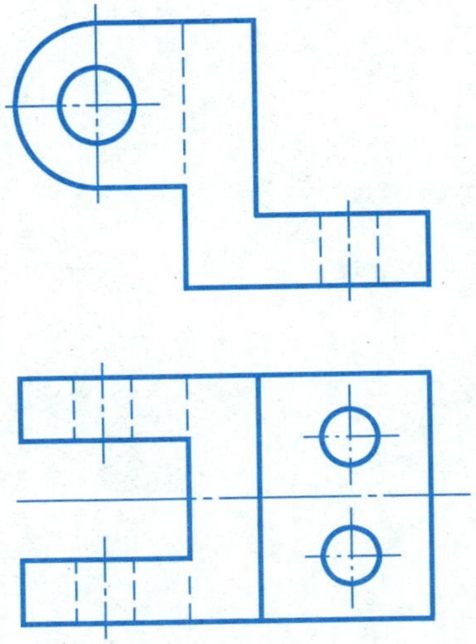

4.

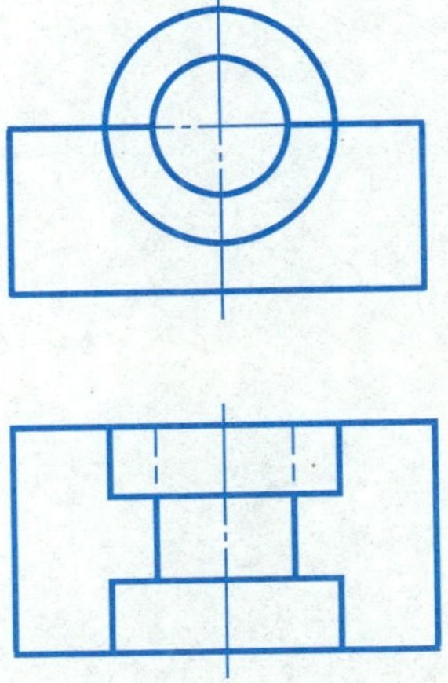

班级　　姓名　　学号

※**3-13　思考并画图**

已知一组合体 *M*（切割形成），试判断右边哪一个组合体可与组合体 *M* 构成完整的长方体，然后分别画出这两个组合体的三视图。

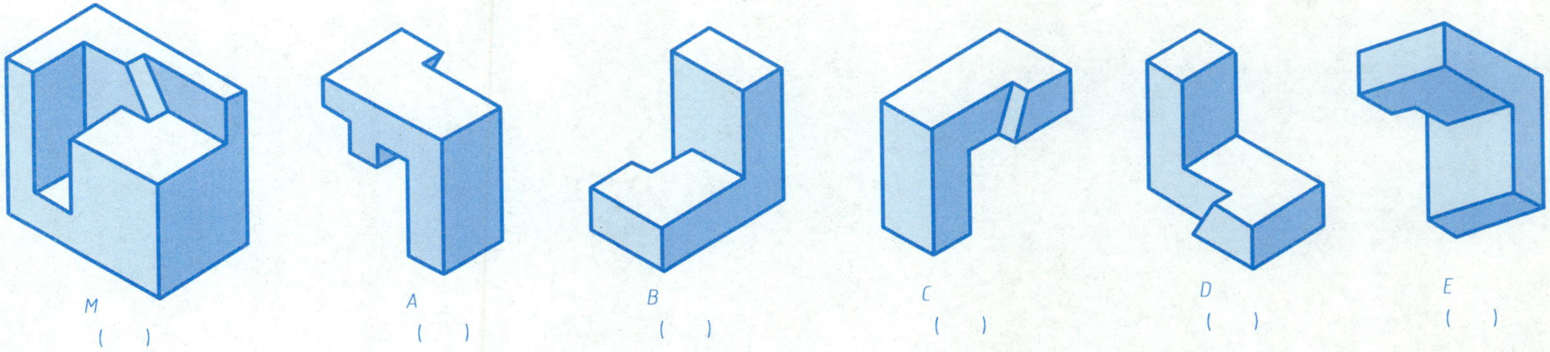

第三单元自测题（总分：100 分）（一）

1. 根据主、俯视图补画左视图（每题 15 分）。

（1）

（2）

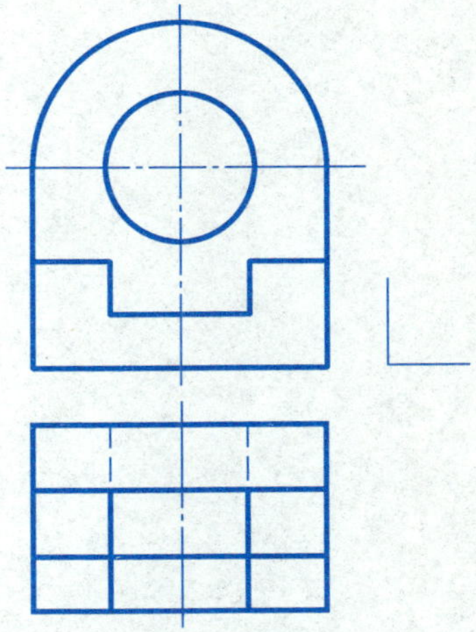

2. 补画视图中的漏线（每题 15 分）。

（1）

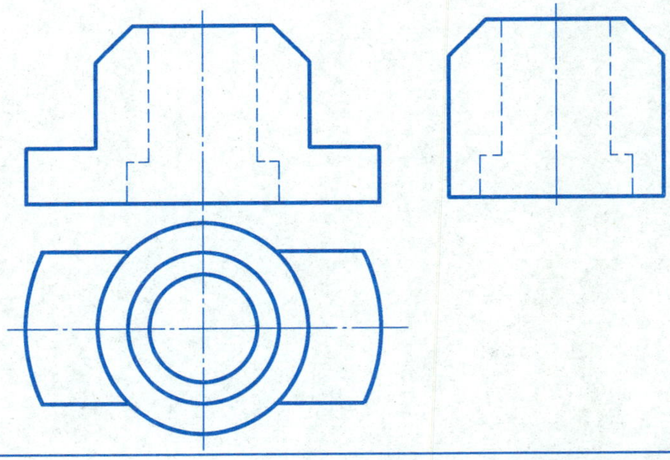

（2）

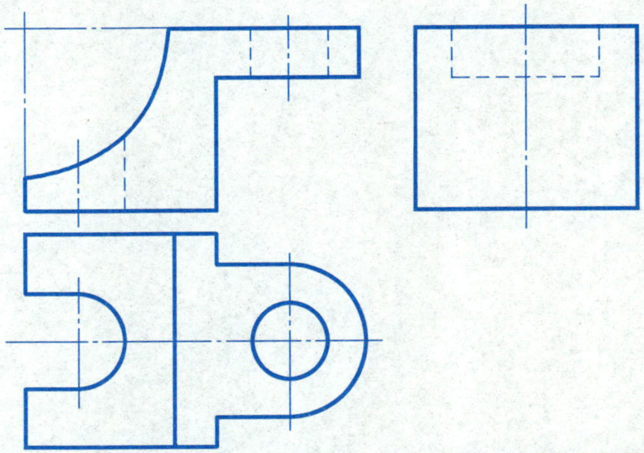

3. 根据给出的两视图选择正确的第三视图（每题10分）。

（1）

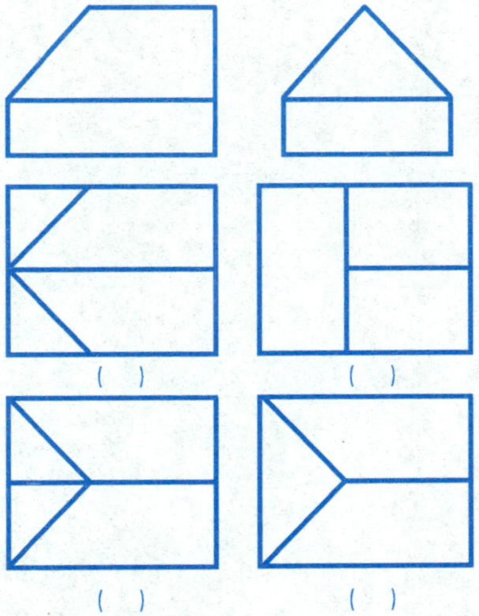

（2）

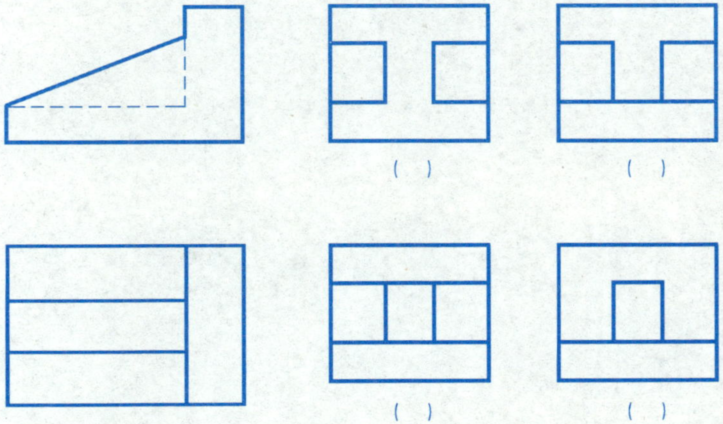

4. 标注组合体的尺寸（20分）。

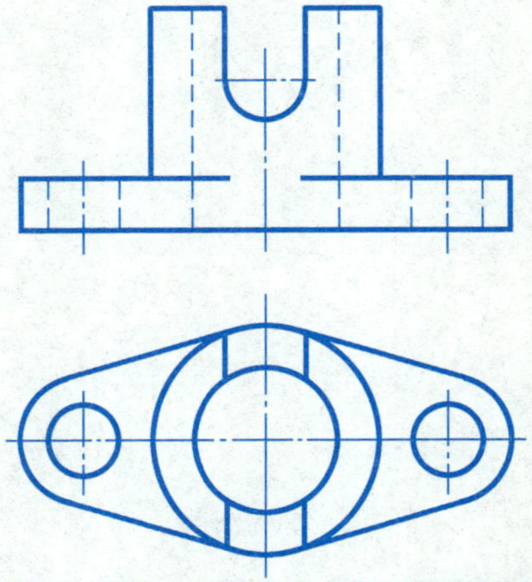

班级　　　　姓名　　　　学号

第四单元　图样画法

4-1　基本视图和向视图

1. 已知主、俯、左视图，补画右、仰、后视图。

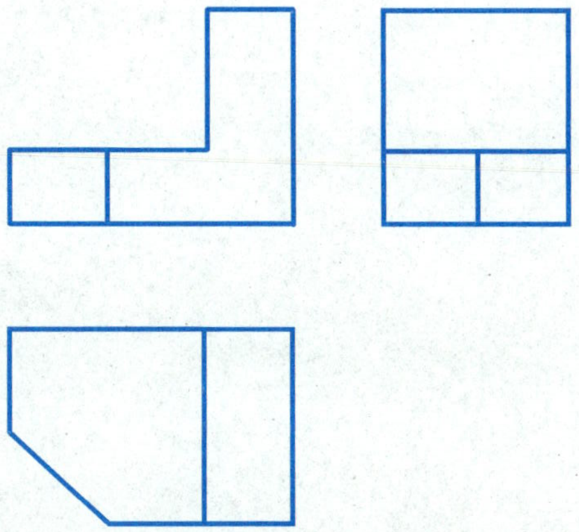

2. 找出右、后、仰视图，按规定标注。

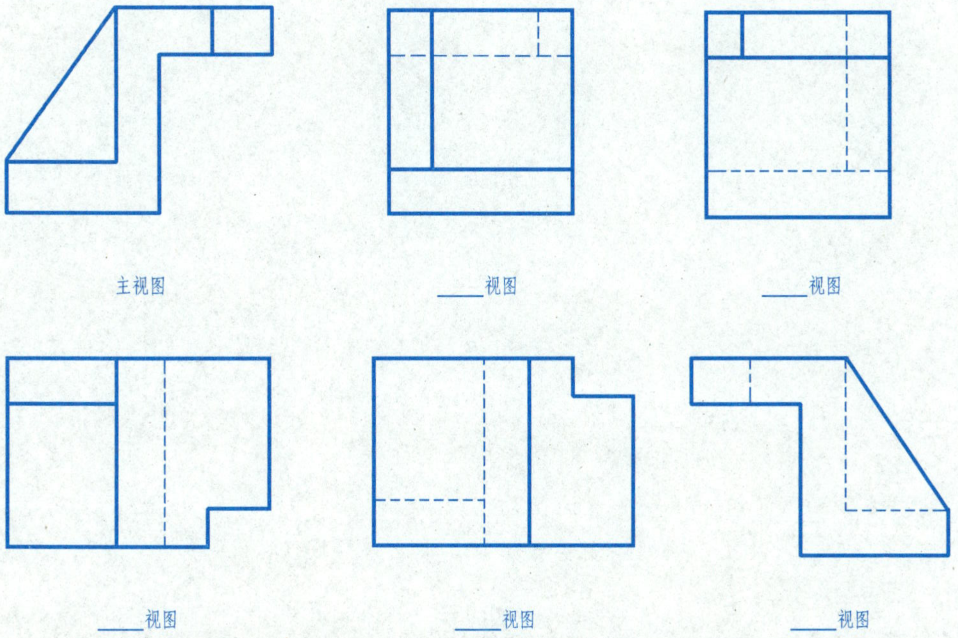

班级　姓名　学号

4-2 局部视图和斜视图

1. 在指定位置作局部视图和斜视图。

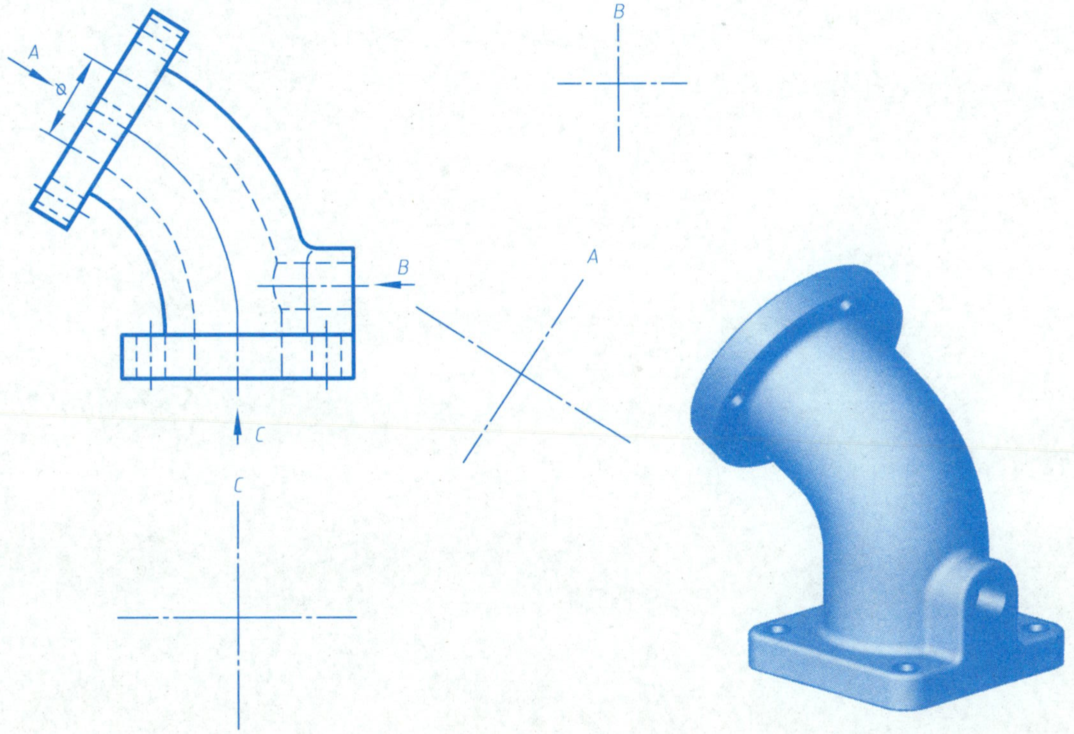

2. 参照轴测图，作斜视图和局部视图，并按规定标注（除所给尺寸，其余均可从主视图上量取）。

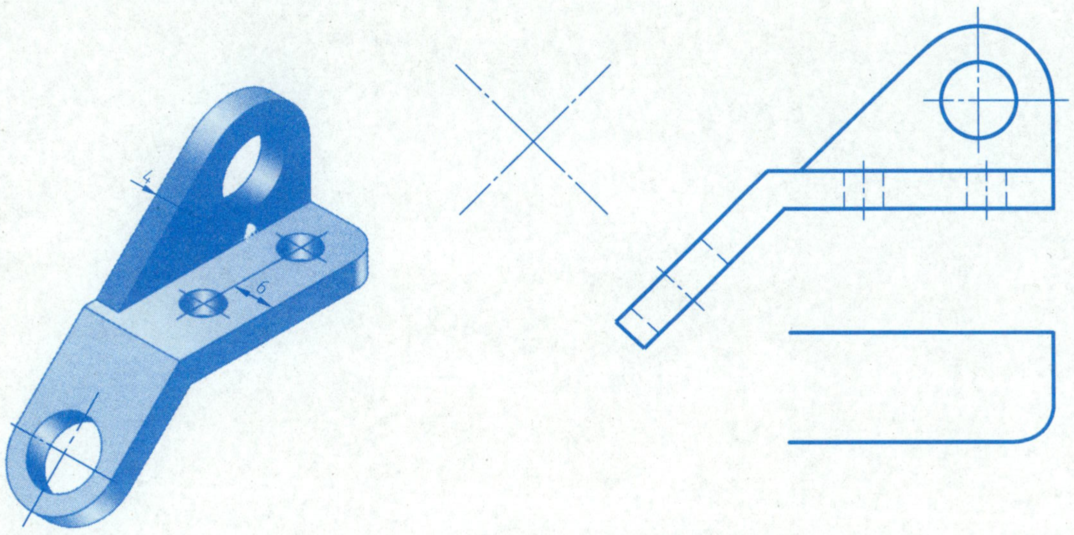

1. 将主视图画成全剖视图。

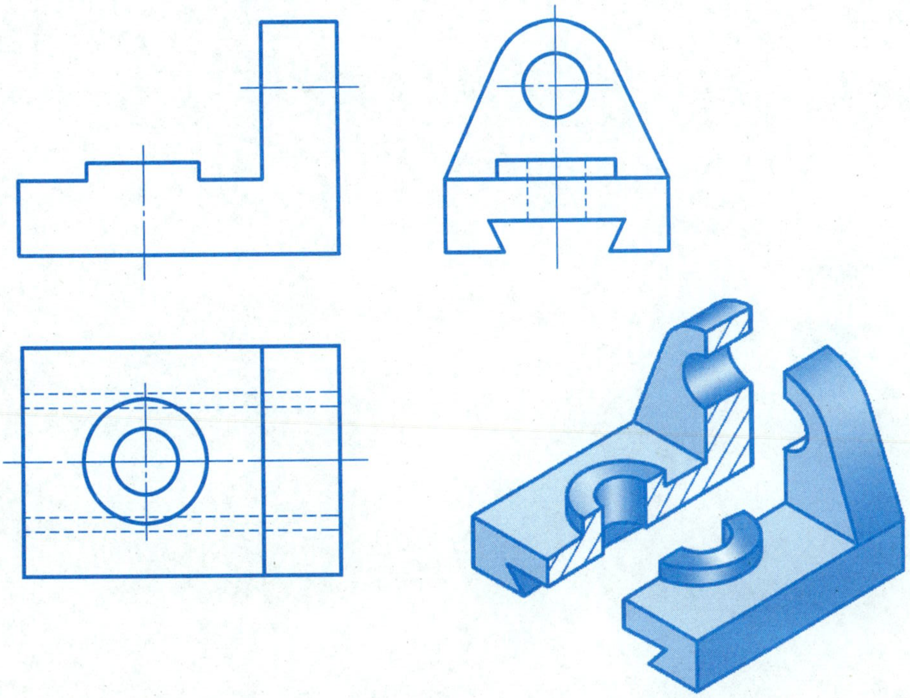

2. 补全主视图中的漏线。

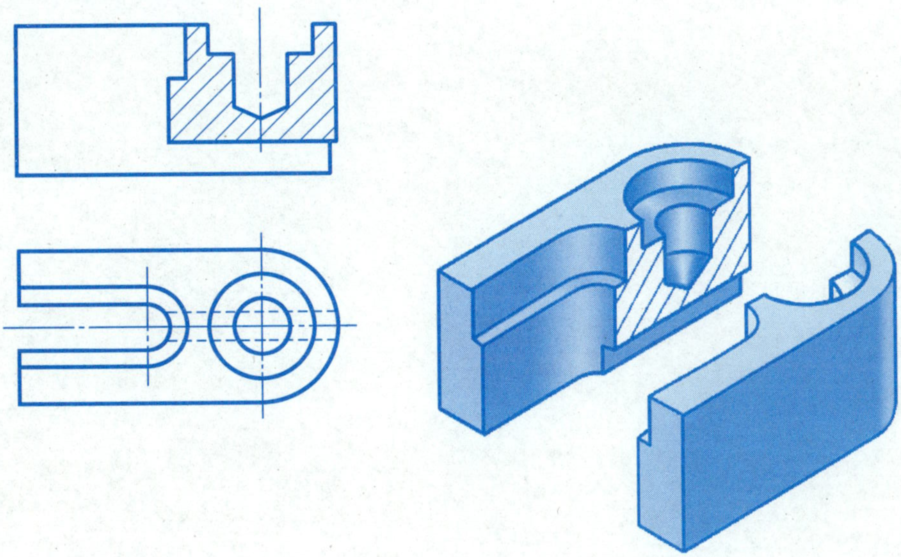

3. 分析视图中的错误，在指定位置作正确的剖视图。

（1）

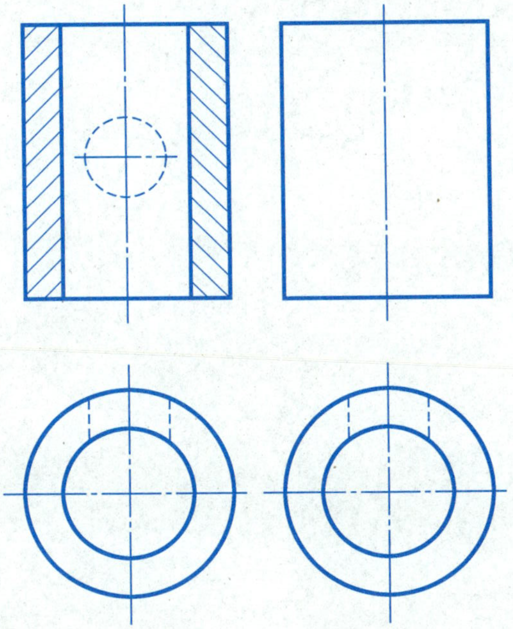

（2）

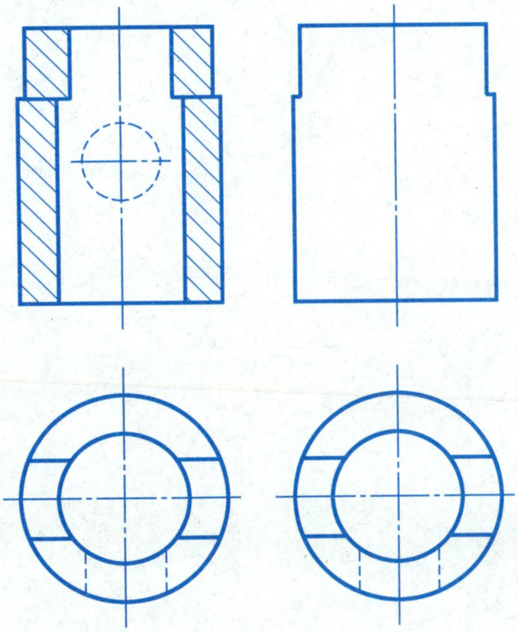

4. 补全剖视图中的漏线。

（1）

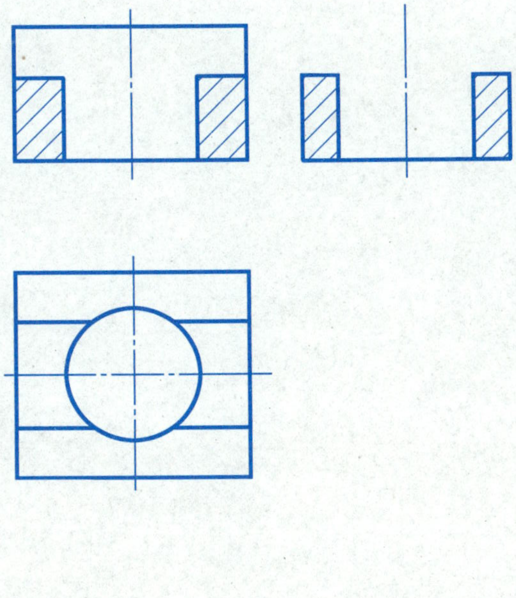

（2）

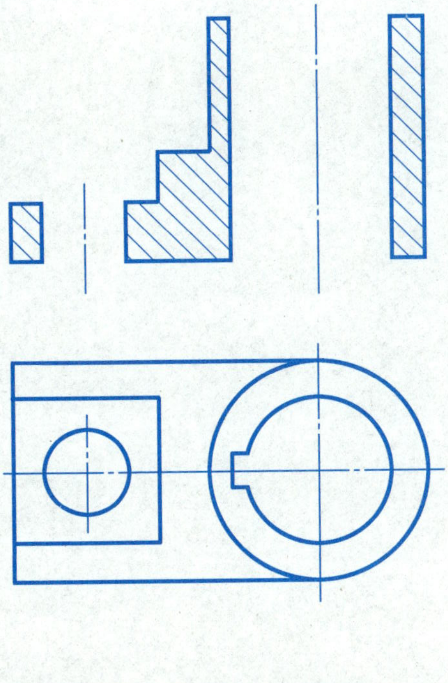

4-4　在指定位置将主视图改画成全剖视图

1.

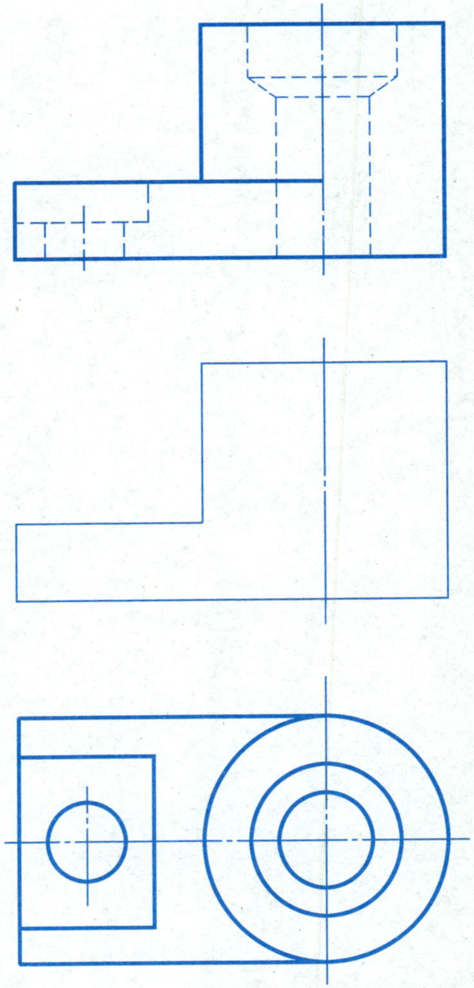

2.

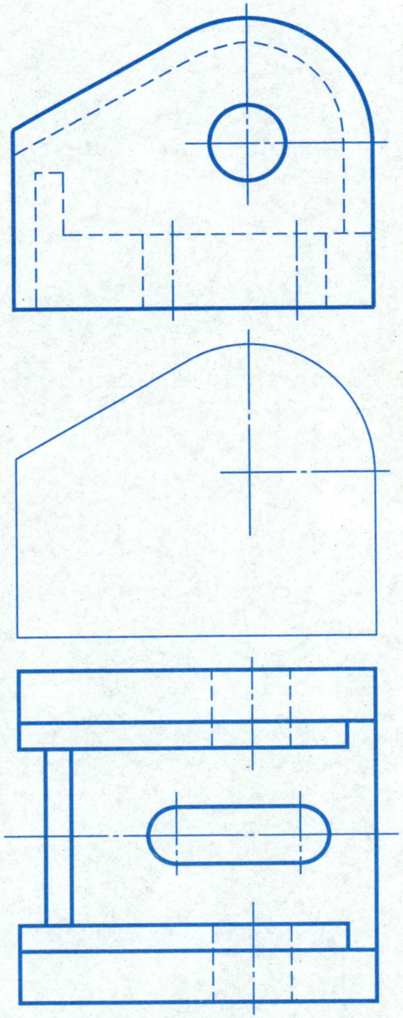

班级　　　　姓名　　　　学号

4-5 半剖视图

1. 将主视图画成半剖视图，左视图画成全剖视图。

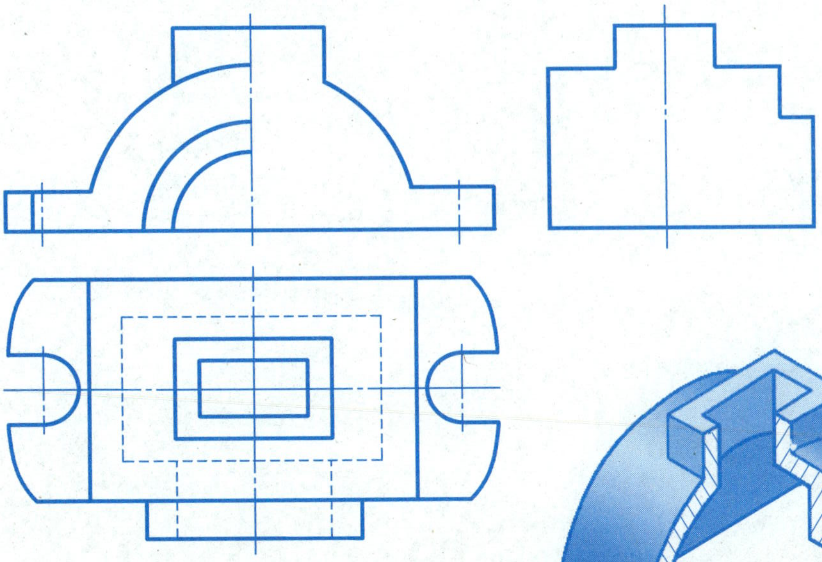

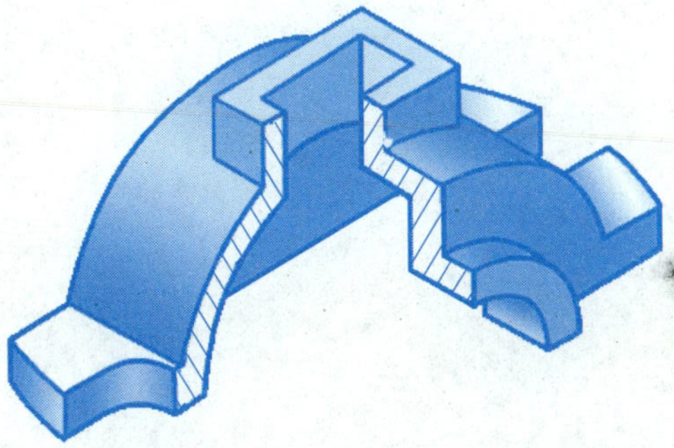

2. 补全主视图中的漏线。

（1）

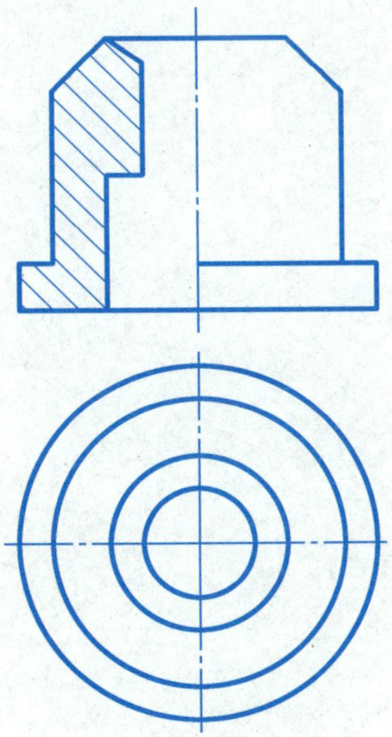

（2）

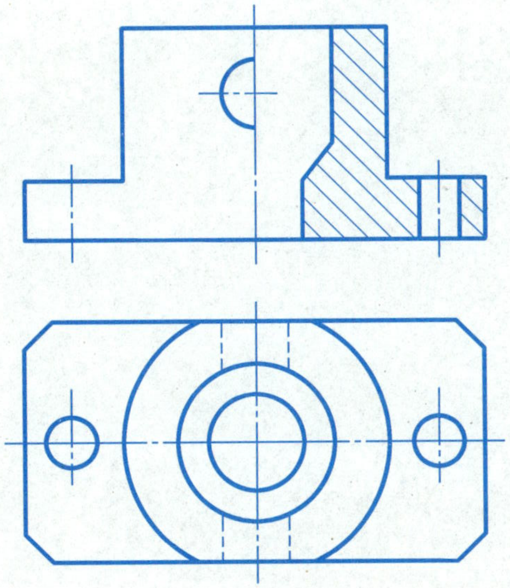

4-6 局部剖视图

1. 在指定位置将机件的主视图及俯视图画成局部剖视图。

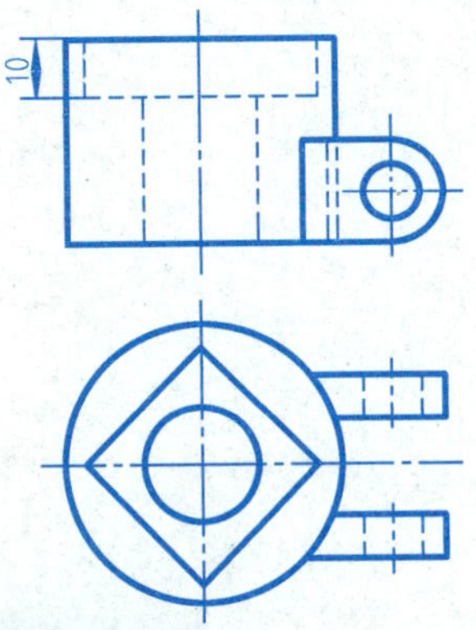

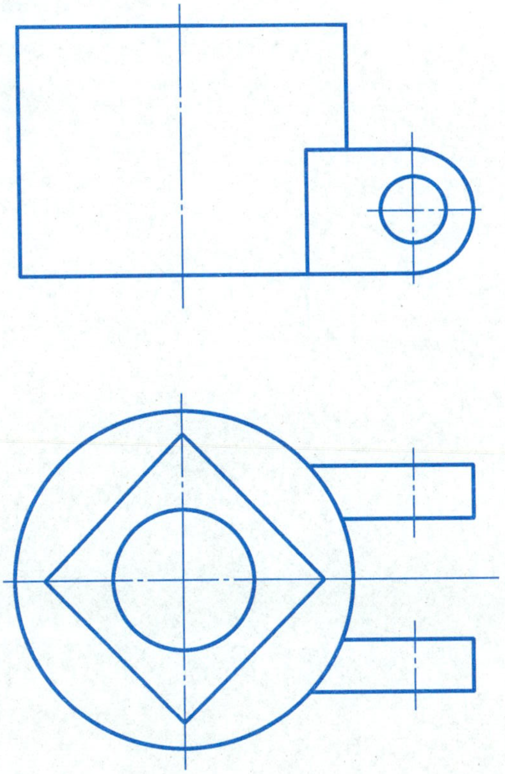

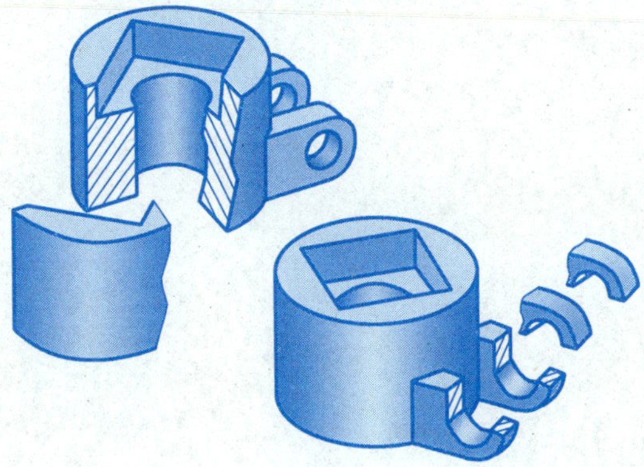

2. 读懂图（1）给出的主、俯视图后，判断（2）、（3）、（4）的表达是否正确，正确的画“√”，错误的画“×”，并注出图中的错误之处。

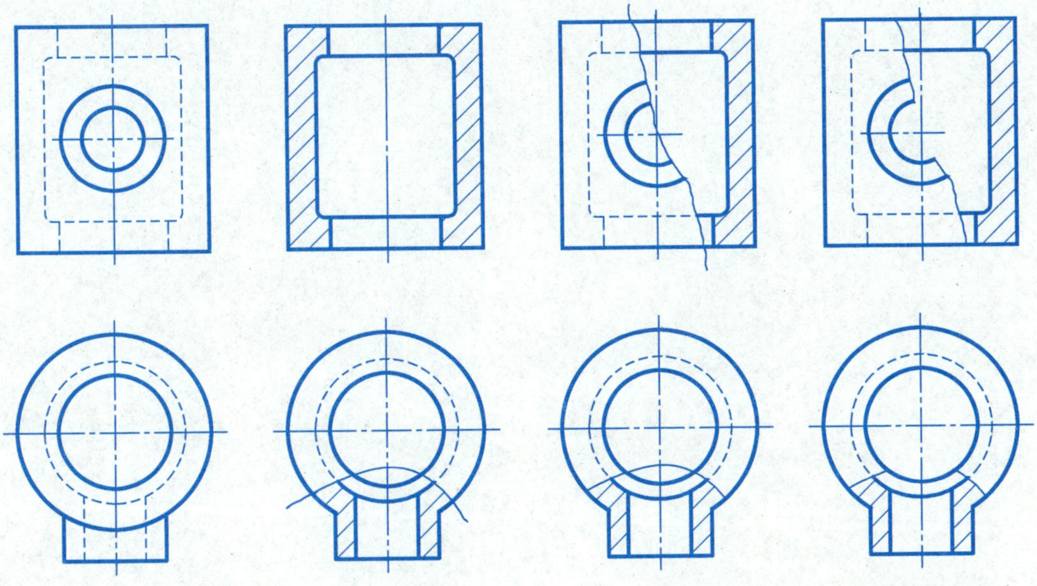

（1）　（2）　（3）　（4）

班级　姓名　学号

4-8 相交剖切平面

用相交的剖切平面剖开机件，在指定位置将主视图画成全剖视图。

1.

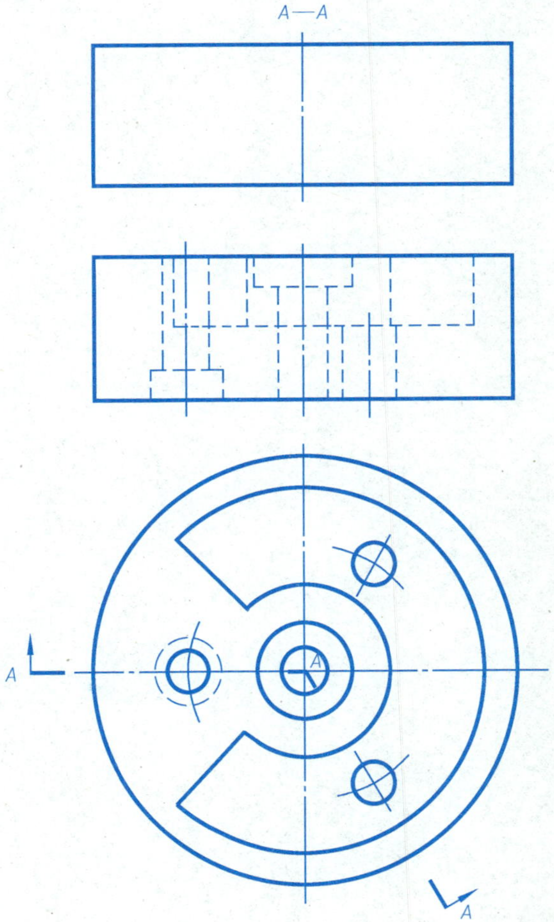

2.

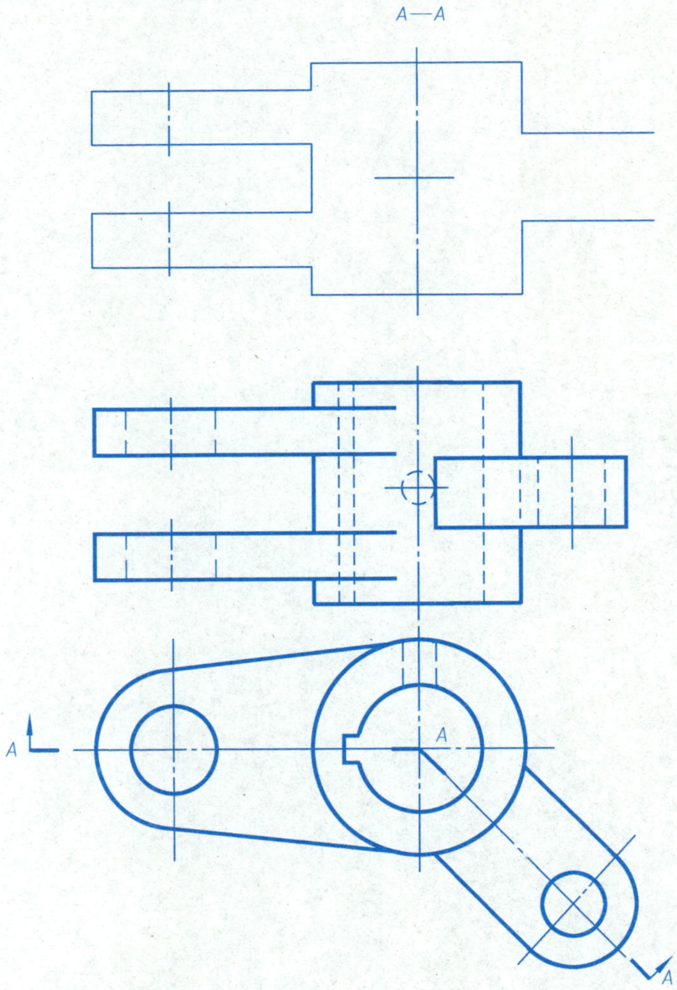

4-9 单一剖切平面

1. 作 *C—C* 全剖视图。

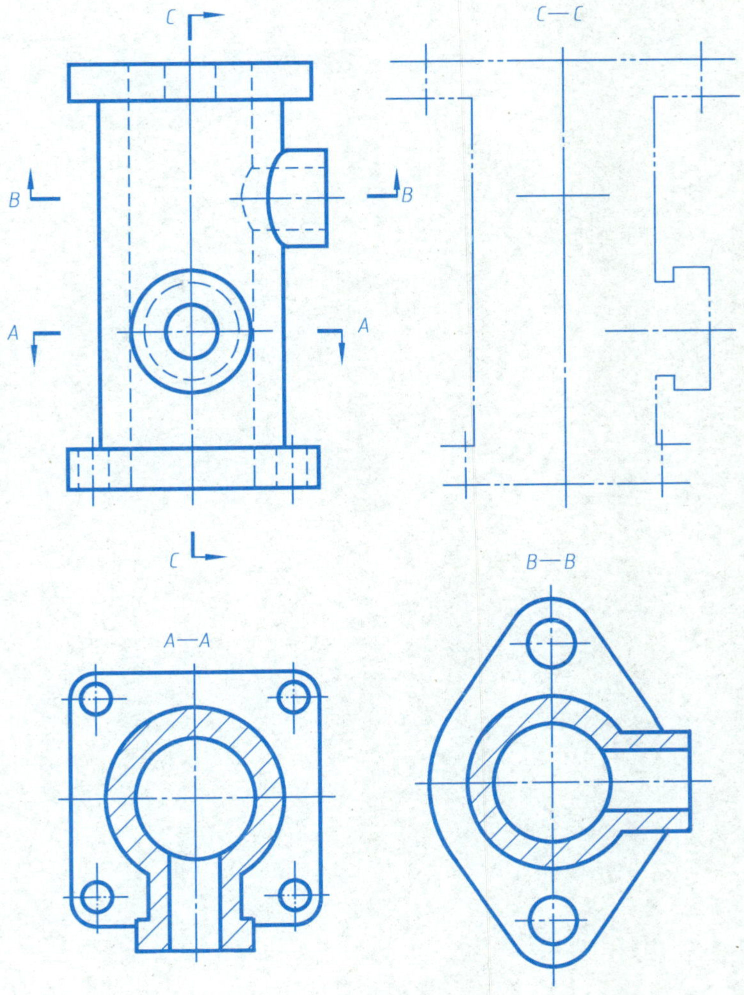

2. 在指定位置画出全剖的主、左视图。

班级　　　　姓名　　　　学号

4-10 断面图

1. 单面键槽深 4mm，右端有双面平面，在指定位置作出断面图。

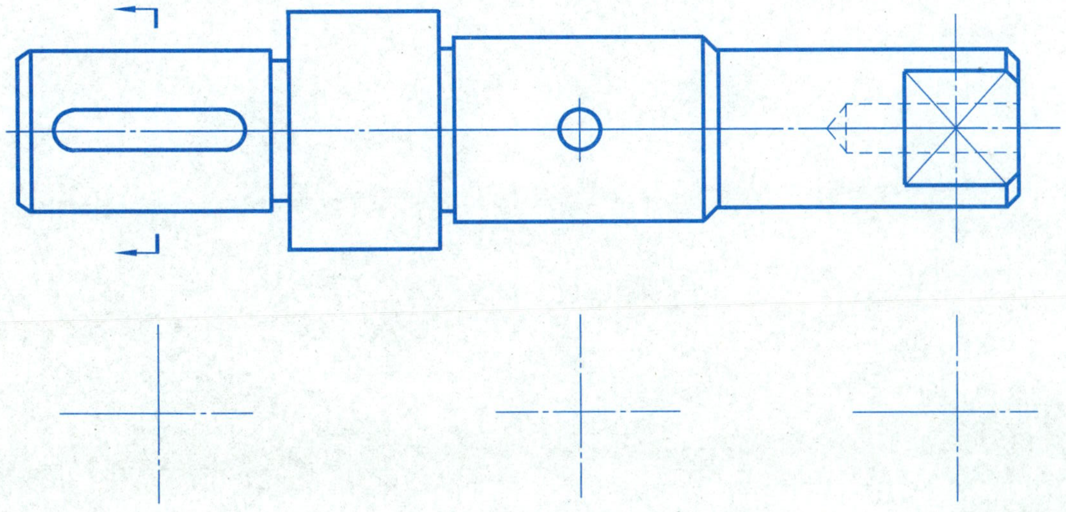

2. 在主视图上画出十字肋的重合断面图。

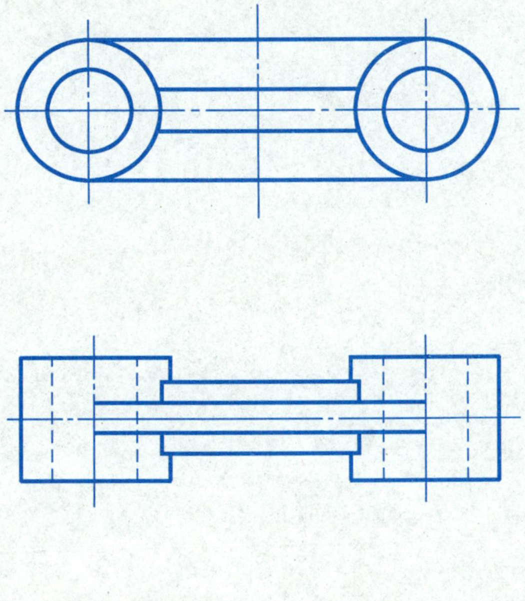

3. 按给定的剖切位置画出移出断面图。

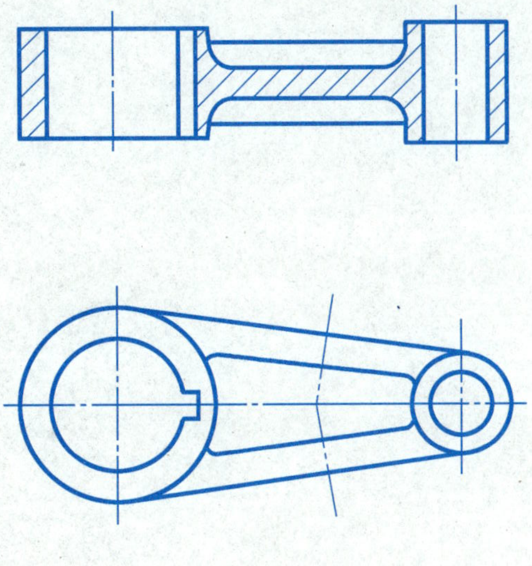

1. 选出正确的断面图，在括号内画“√”。

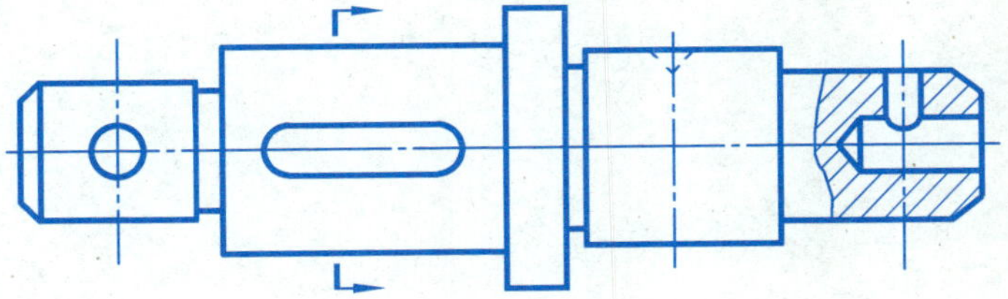

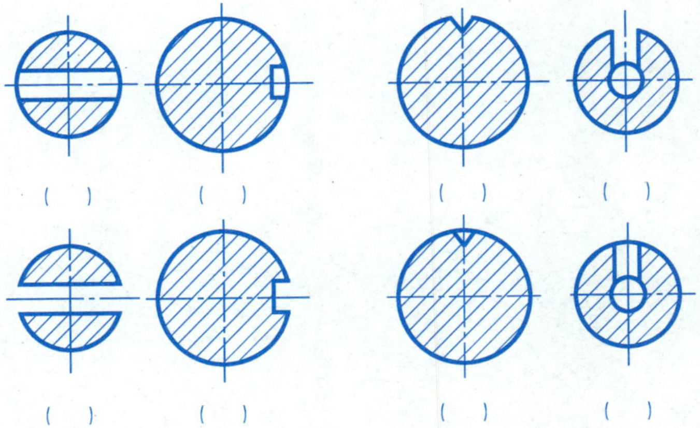

2. 按剖视的简化画法，将主视图画成全剖视图。

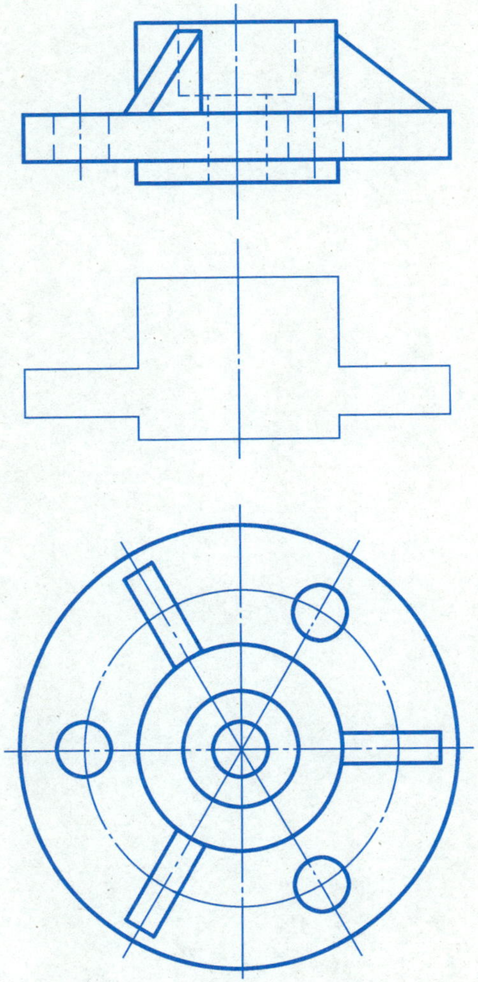

※4-12　第三角画法

按第三角画法，根据两视图补画第三视图。

1.

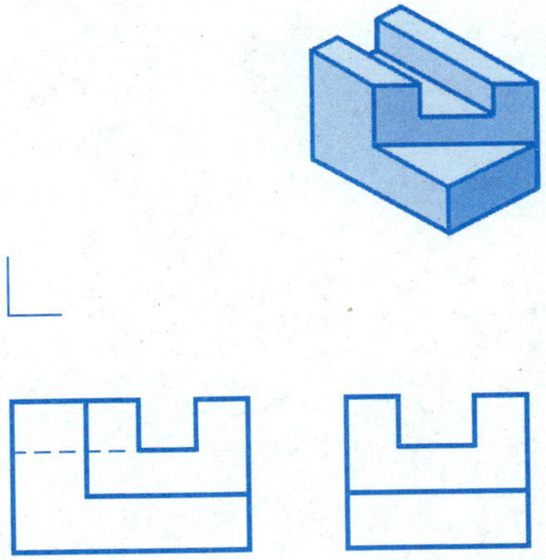

2.

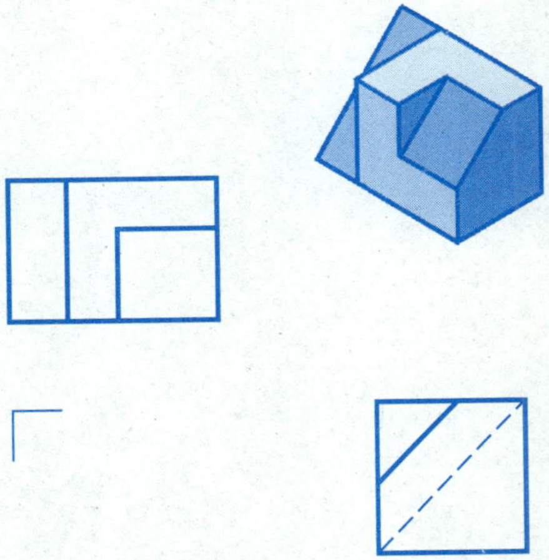

3.

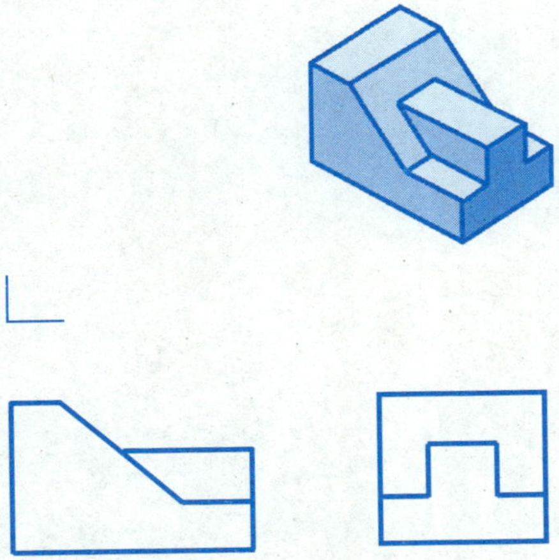

4.

5.

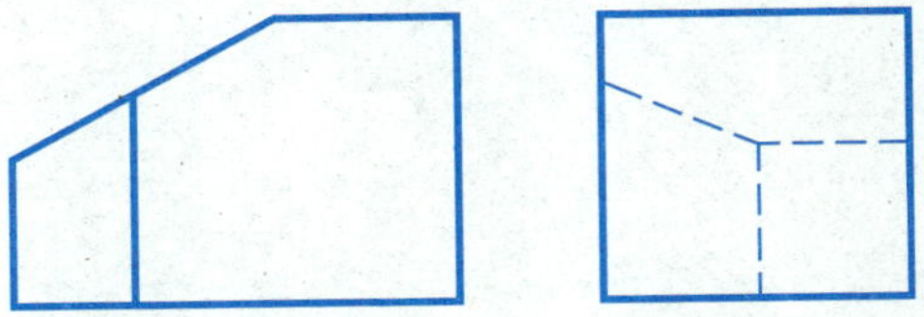

6.

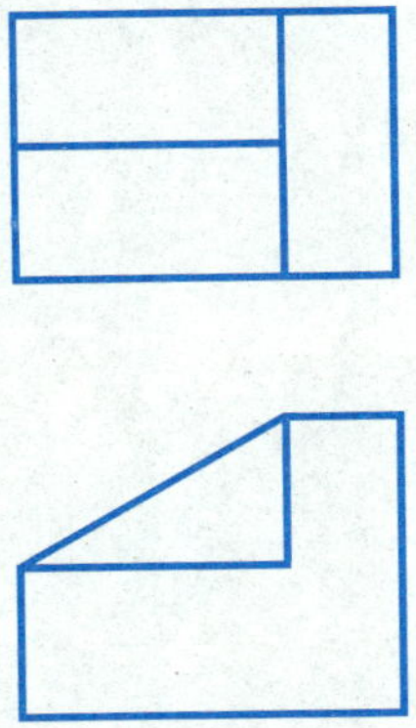

※4-13 第二次作业——基本表示法

一、目的

1. 进一步理解剖视的概念，掌握剖视图的画法。

2. 训练选择物体表达方法的基本能力。

二、作业要求

1. 根据视图（1）、轴测图（2）或模型，由教师指定其中一题，选择适当的表达方法，将机件的内、外形状表达清楚，并标注尺寸。

2. 比例、图幅自定。

三、注意事项

1. 可多考虑几种表达方案，从中选择最佳表达方案。

2. 剖视图应直接画出，不宜先画成视图，再将视图改成剖视。

3. 要注意剖视的标注。

4. 各视图中剖面线方向、间隔保持一致。

5. 运用形体分析法标注尺寸，不遗漏也不重复。

（1）

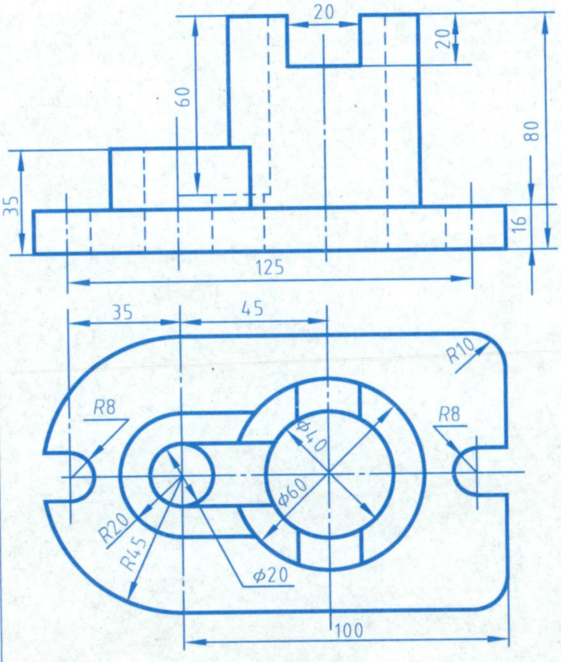

（2）

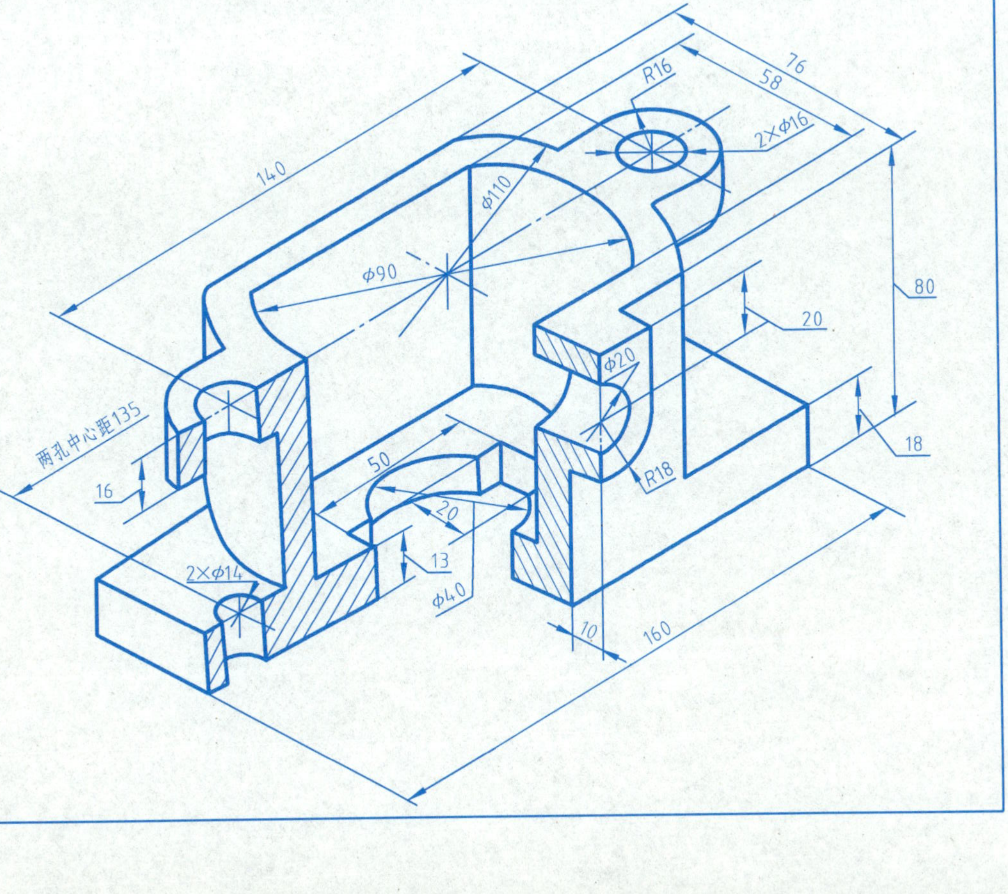

第四单元自测题（总分：100 分）

1. 填空题（每空 2 分）。

（1）用于表达机件外形的视图包括__________、__________、__________、__________四种。

（2）向视图是__________的基本视图。

（3）对于机件倾斜结构的外形可用__________表达，在未被投射部分的断裂处一般用__________表示。

（4）机械图样中，获得剖视图的剖切面有__________、__________、__________三种。

（5）在剖视图中，根据剖切范围的多少，分为__________、__________、__________三种。

（6）在剖视图中，剖切面与机件接触的部分称为__________，对于金属材料，同一机件所有剖面线的__________和__________均应相同。

（7）移出断面图是画在视图轮廓线__________的断面图。重合断面图的轮廓线用__________实线画出。

（8）将机件的部分结构，用大于原图形所采用的比例画出的图形，称为__________图。

（9）第一角画法是将被表达的机件放在__________与__________之间；第三角画法则是将投影面放在__________与__________之间。

2. 读懂所绘的图形，标出相应的标记和图名（10 分）。

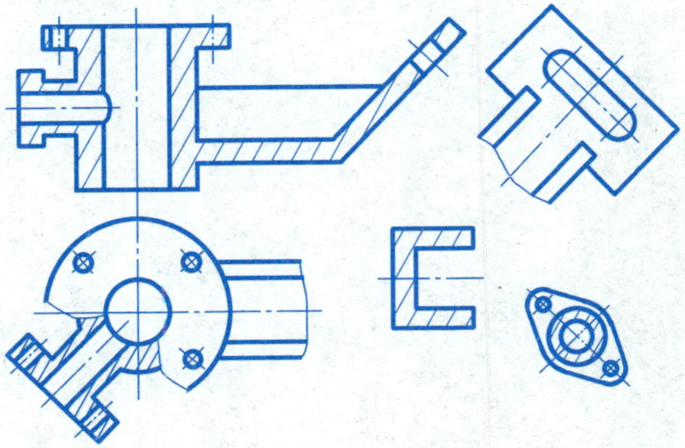

3. 画出 *A—A* 剖视图，尺寸从图中量取，位置自定（22 分）。

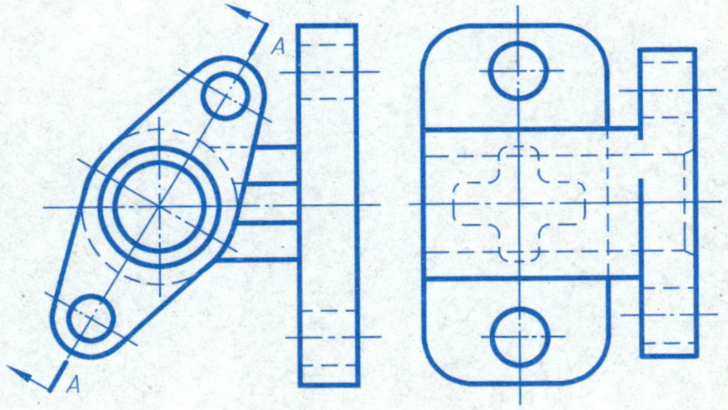

4. 作 *B—B* 半剖视图（22 分）。

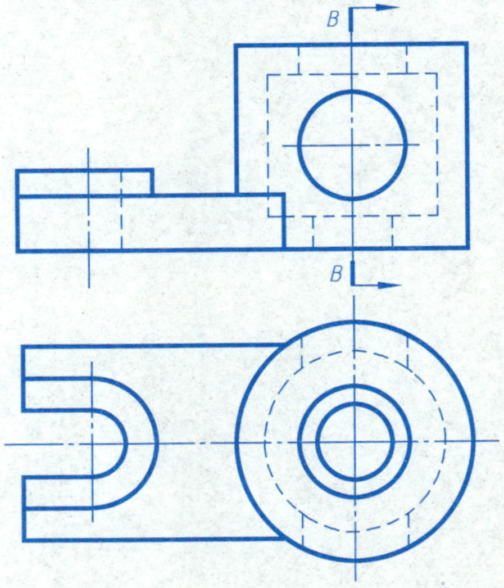

第五单元　常用标准件及结构要素的表示法

5-1　螺纹的画法

分析螺纹画法中的错误，并在指定位置画出其正确的图形。

1.

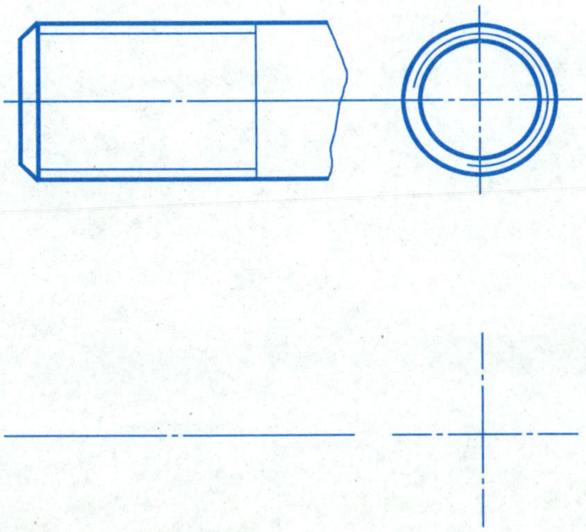

2.

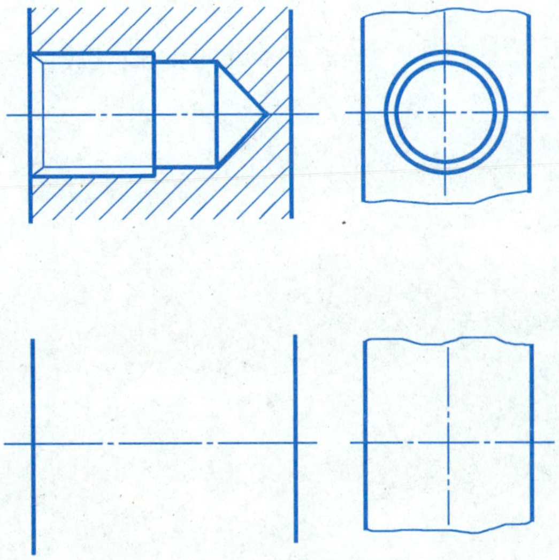

3.

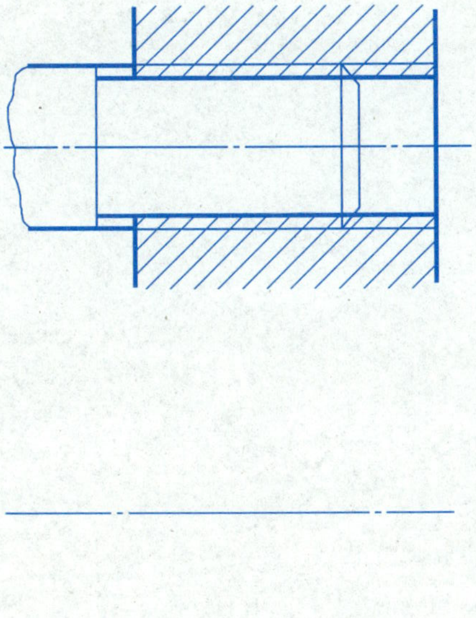

4.

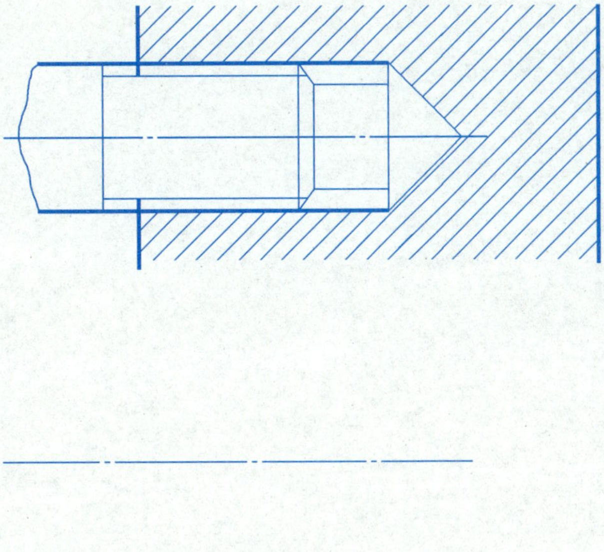

班级　姓名　学号

5-2 螺纹的标记

1. 根据螺纹标记查出表内所要求的内容，并填入表中。

螺纹标记	螺纹种类	公称直径	导程	螺距	线数	公差带代号	旋合长度	旋向
M20-7H								
M10-5g6g-S								
M20×1.5-6g								
G1/2								
Tr40×14(P7)LH								
Tr40×7								
Rc3/4								

2. 在图上标注出螺纹的尺寸。

（1）普通螺纹，大径 16mm，螺距 2mm，公差带代号 6f，长度 20mm，倒角 *C*1.6。

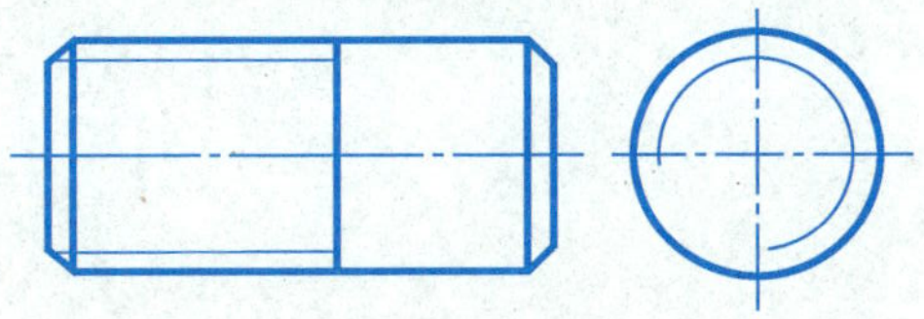

（2）普通螺纹，大径 12mm，螺距 1mm，公差带代号 7H，长度 25mm，倒角 *C*1.6。

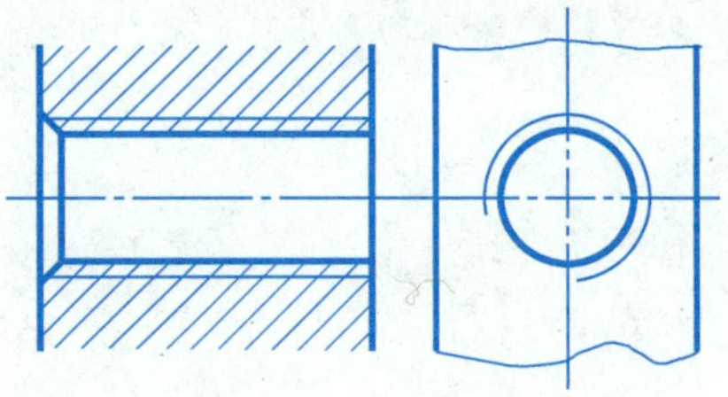

（3）梯形螺纹，公称直径 16mm，导程 8mm，线数 2，公差带代号 6g，长度 20mm，倒角 *C*1.6。

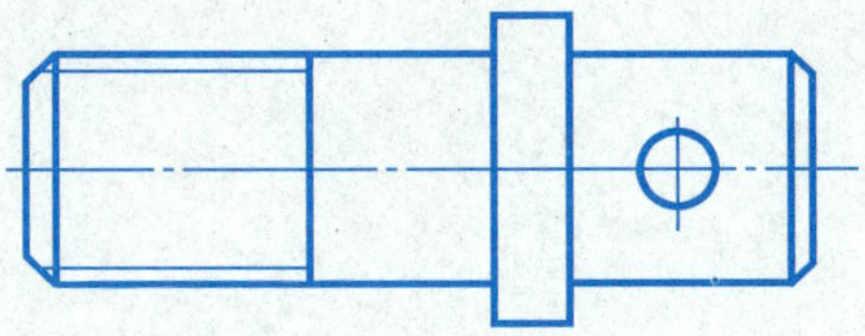

（4）锯齿形螺纹，公称直径 12mm，导程 4mm，线数 2，公差带代号 6H，长度 40mm，倒角 *C*1.6。

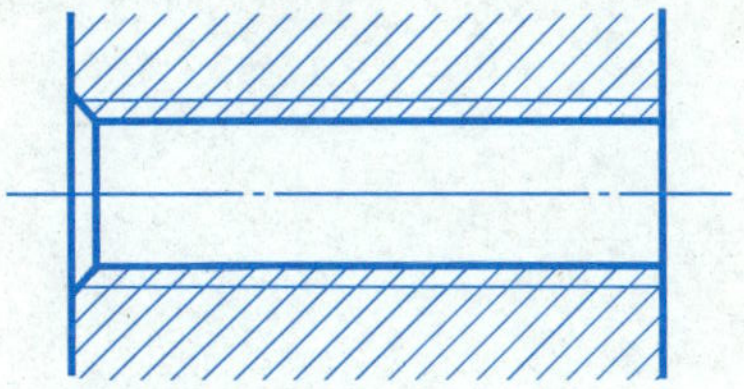

（5）55°非密封管螺纹，尺寸代号 1/2，公差等级为 A 级，长度 35mm。

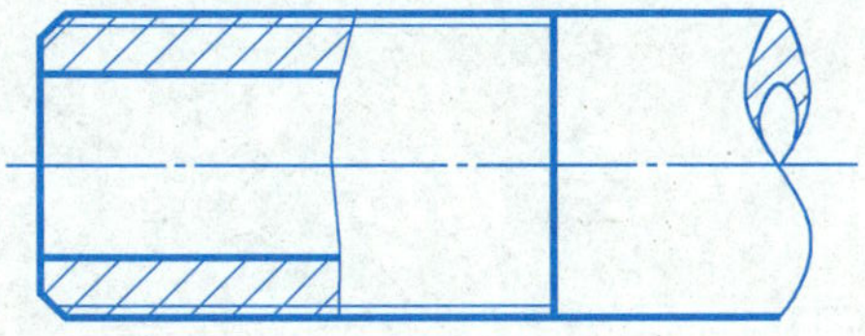

（6）55°密封管螺纹，尺寸代号 1/2，长度 20mm，倒角 *C*1.6。

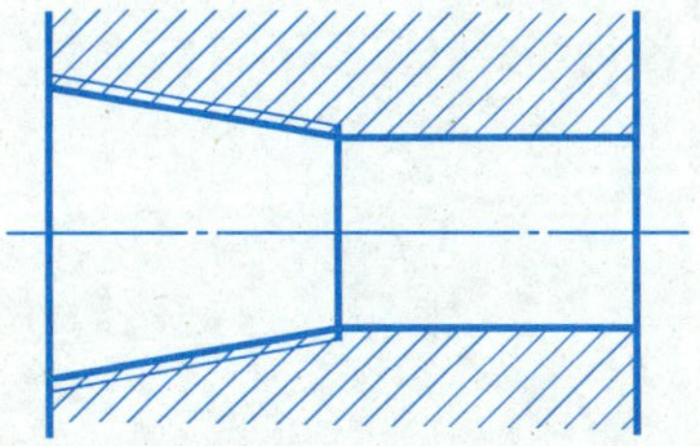

班级　　　　姓名　　　　学号

5-3 螺纹紧固件的标记

由所给图形及尺寸写出标记。

（1）六角头螺栓

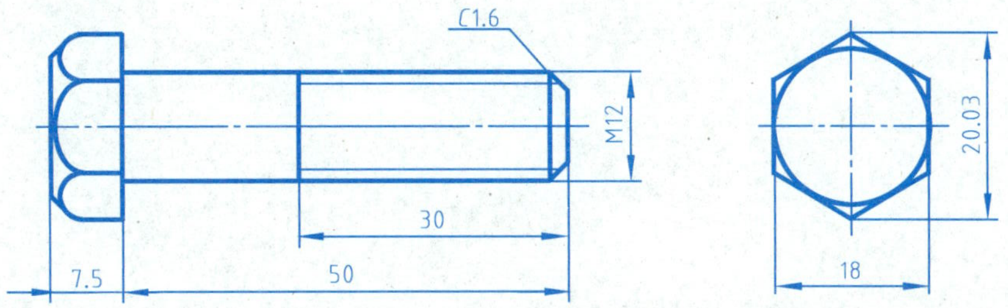

标记：____________

（2）开槽圆柱头螺钉

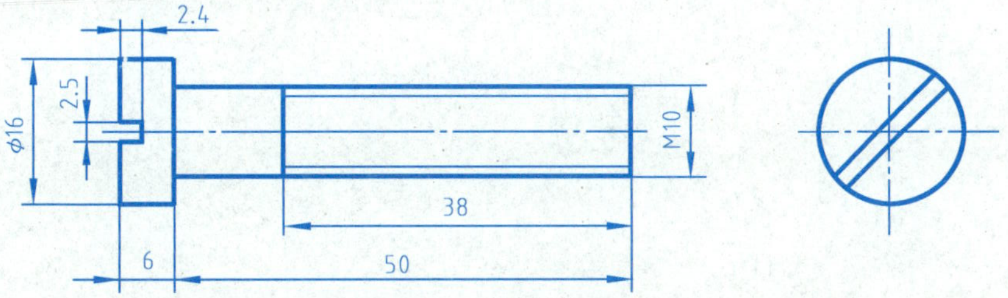

标记：____________

（3）双头螺柱

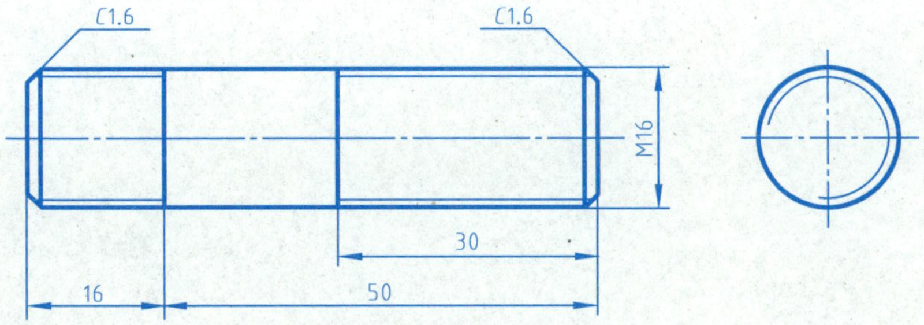

标记：____________

（4）1 型六角螺母

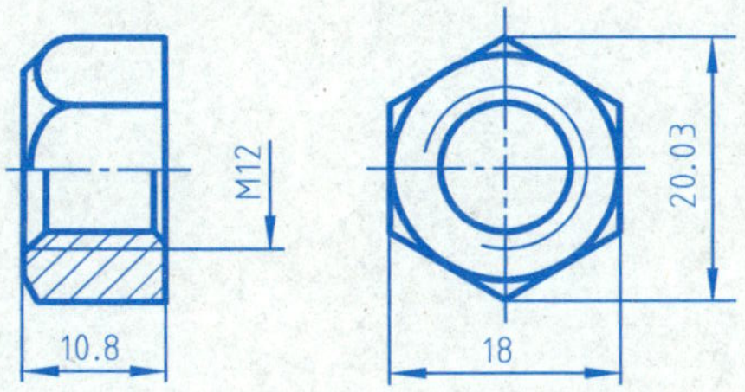

标记：____________

（5）平垫圈

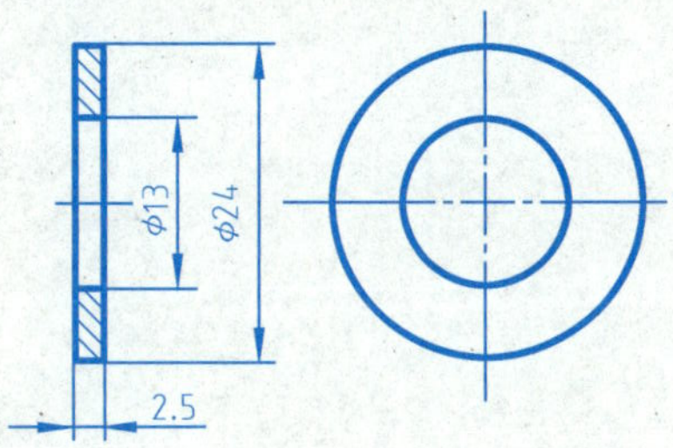

标记：____________

班级　　姓名　　学号

1. 分析螺栓连接的三视图，圈出图中的5处错误。

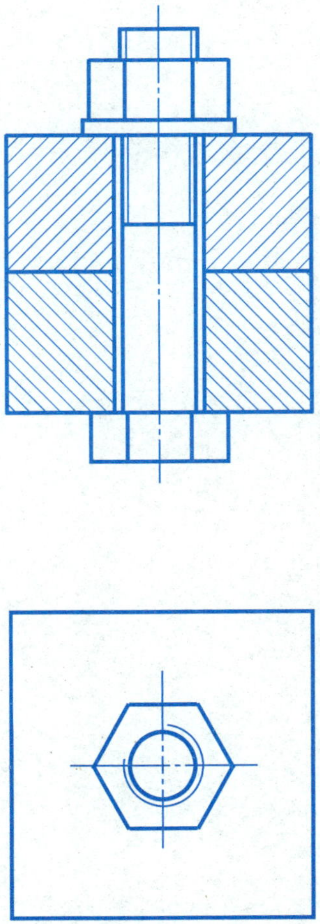

2. 对比下面两组图形，圈出图中的4处错误。

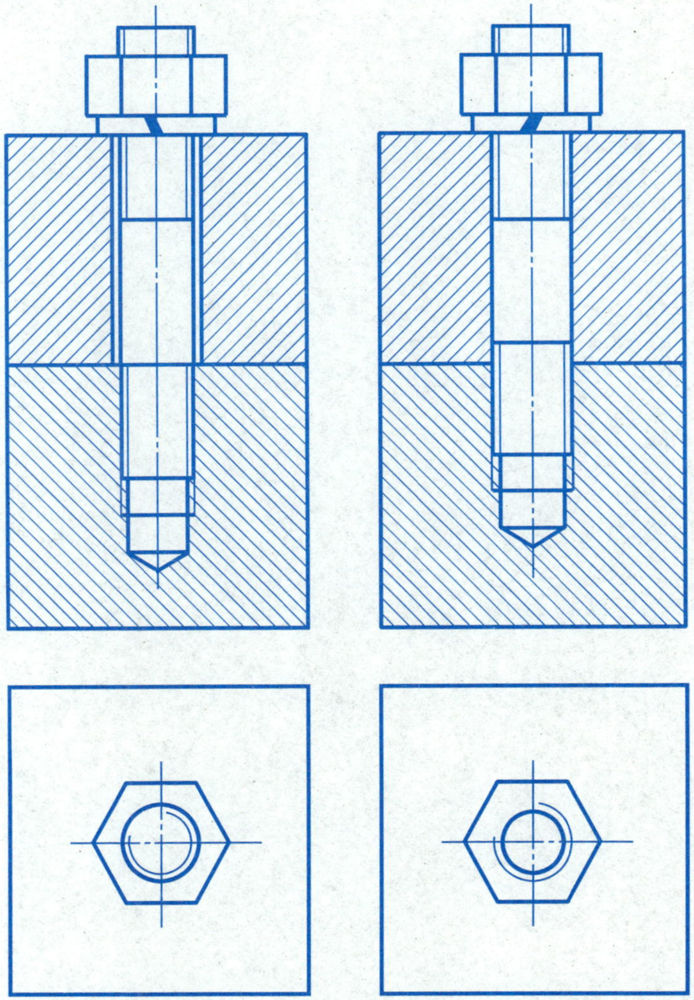

班级 姓名 学号

5-5 画齿轮啮合图

已知大齿轮的模数 $m=4\text{mm}$，齿数 $z_2=38$，两齿轮的中心距 $a=108\text{mm}$，试计算大、小齿轮的分度圆、齿顶圆及齿根圆的直径，用 1∶2 比例补全直齿圆柱齿轮的啮合图。

计算：

1. 小齿轮

分度圆直径 d_1 =______，

齿顶圆直径 d_{a1} =______，

齿根圆直径 d_{f1} =______。

2. 大齿轮

分度圆直径 d_2 =______，

齿顶圆直径 d_{a2} =______，

齿根圆直径 d_{f2} =______。

3. 传动比

i =______。

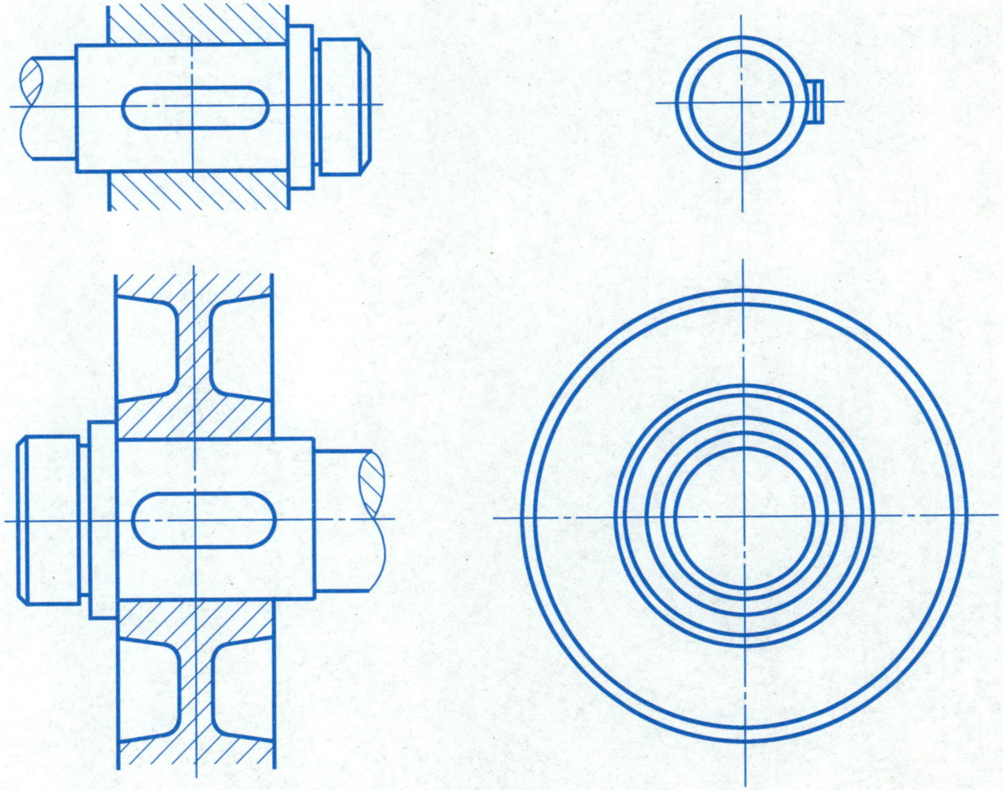

班级　　　　姓名　　　　学号

5-6 键连接

已知齿轮和轴用圆头普通 A 型平键连接，轴孔直径为 20mm，键的长度为 18mm。

（1）写出键的规定标记。

（2）查表确定键和键槽的尺寸，画全下列视图、剖视图和断面图，并标注图中轴径和键槽的尺寸。

键的规定标记＿＿＿＿＿＿

轴

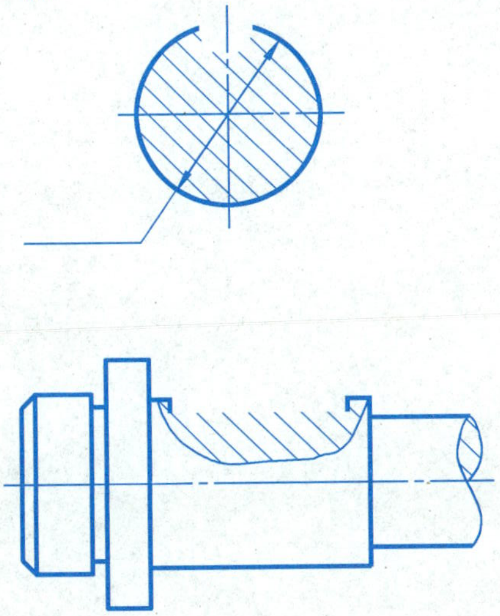

齿轮

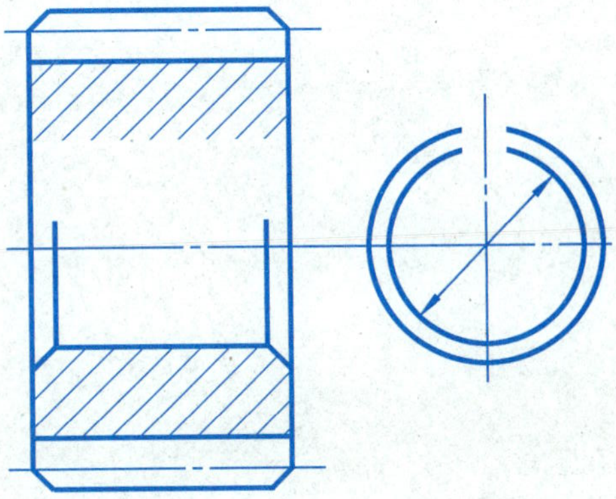

齿轮和轴

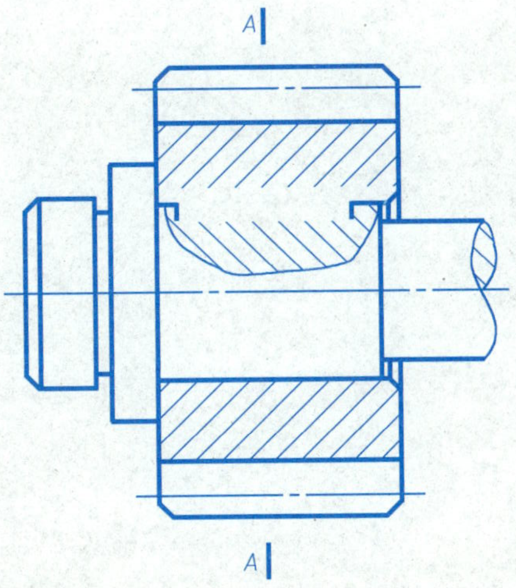

A—A

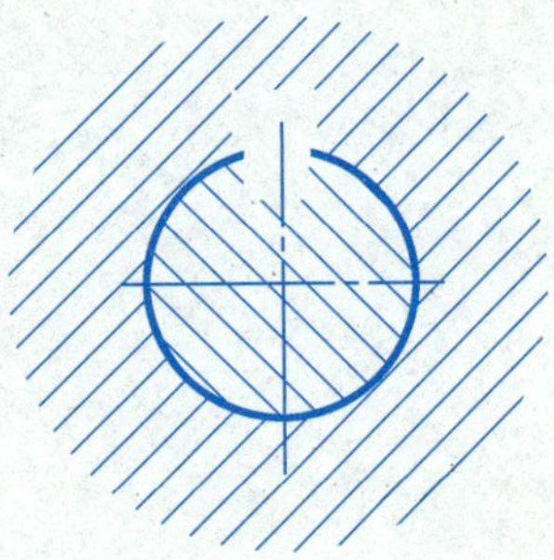

5-7 滚动轴承

1. 解释下列滚动轴承代号的含义。

6208：内　　径____________，

尺寸系列____________，

轴承类型____________。

51212：内　　径____________，

尺寸系列____________，

轴承类型____________。

30308：内　　径____________，

尺寸系列____________，

轴承类型____________。

61804：内　　径____________，

尺寸系列____________，

轴承类型____________。

※2. 已知阶梯轴两端支承轴肩处的直径分别为 25mm 和 15mm，用规定画法按 1：1 比例画出支承处的滚动轴承。

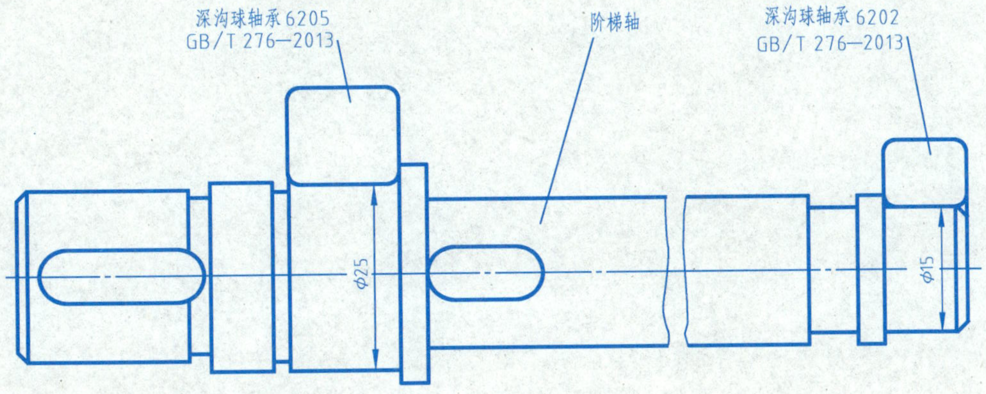

班级　　姓名　　学号

第五单元自测题（总分：100 分）

1. 检查图中画法的错误，按正确画法画在下面（16 分）。

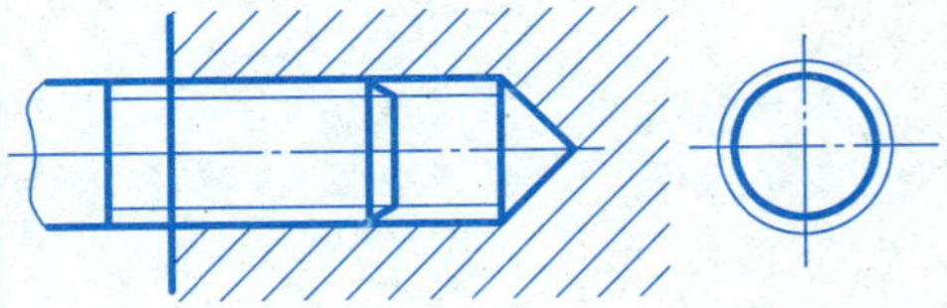

2. 填空题（每空 2 分）。

（1）螺纹要素包括________、________、________、________、________五项。

（2）按规定画法绘制螺纹时，若螺纹大径为 d，则小径按________ d 绘制。

（3）不通螺孔圆锥面尖端的锥顶角角度应画成________。

（4）以剖视图表示内、外螺纹连接时，其旋合部分应按________的画法绘制。

（5）最常用的三种螺纹紧固件连接方式是________连接、________连接和________连接。

（6）普通平键的标记：GB/T 1096　键　18×11×100 表示 b=________ mm，h=________ mm，L=________ mm 的普通 A 型平键（A 省略不注）。

（7）一对齿轮相互啮合的条件是____________。

（8）在不剖的视图中绘制直齿圆柱齿轮时，齿顶圆和齿顶线用________线绘制；分度圆和分度线用________线绘制；齿根圆和齿根线用________线绘制。

（9）常用滚动轴承按其受力方向可分为________、________和________三类。

（10）在装配图中滚动轴承可以有________、________和________三种画法。

3. 按螺纹标记填表（16 分）。

螺纹标记	螺纹种类	螺纹大径	导程	螺距	线数	旋向	公差带代号
M20-6H-LH							
M20×1.5-6g7g							
Tr40×14(P7)-8e							
G3/8							

4. 补全螺钉连接图中所缺图线（比例 1∶1），螺钉 GB/T 68　M10×40（20 分）。

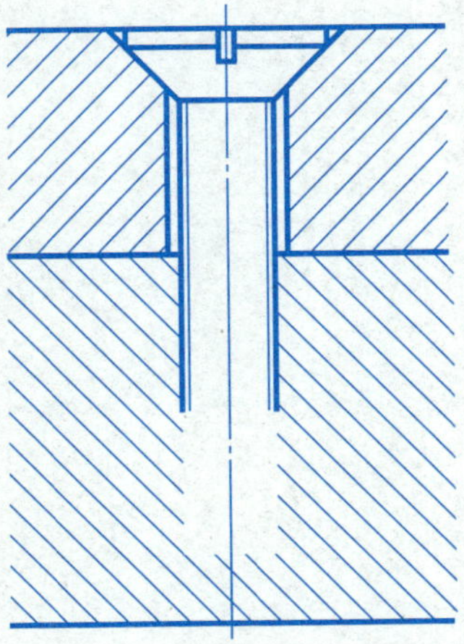

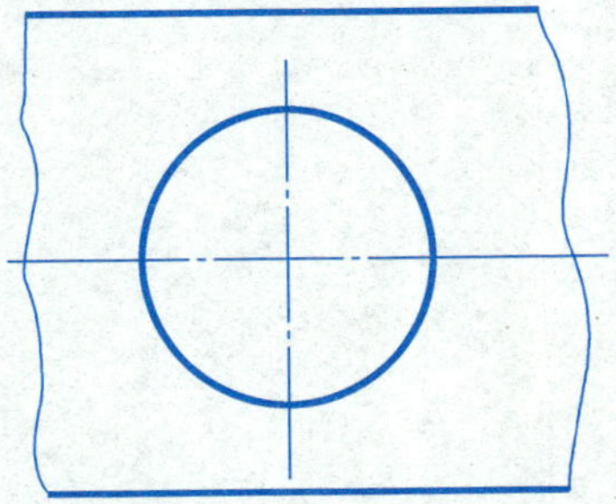

第六单元　零　件　图

6-1　零件的表达与尺寸标注

参照立体示意图和已选定的一个视图，确定表达方案（比例 1：1），并标注尺寸。数值从视图中量取，取整数。

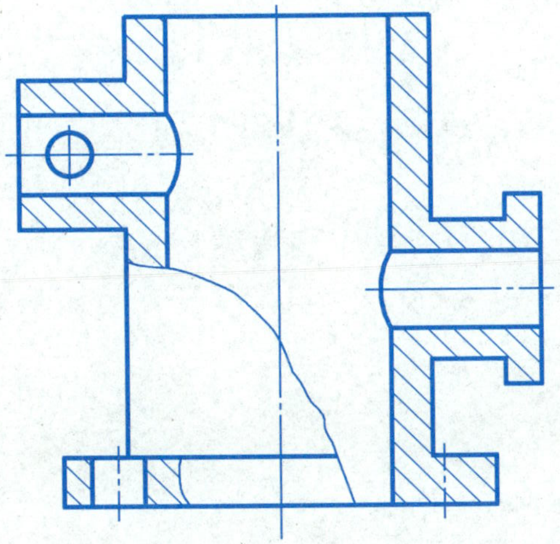

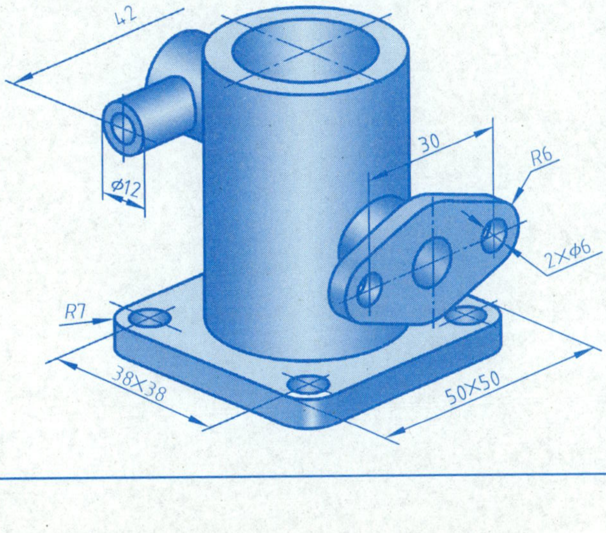

1. 指出零件长、宽、高方向尺寸的主要基准和辅助基准。

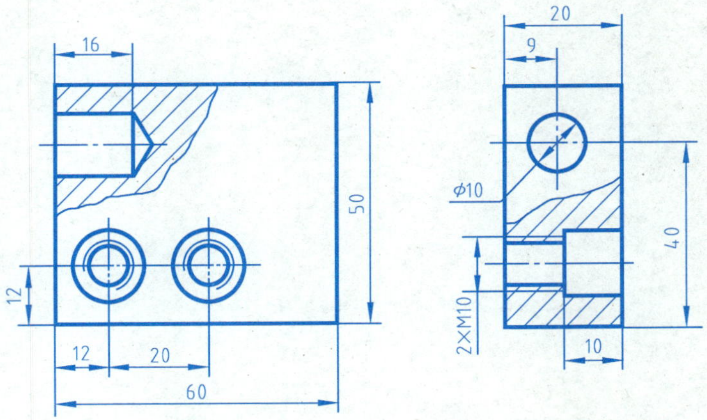

2. 指出尺寸标注中的错误，并作正确标注。

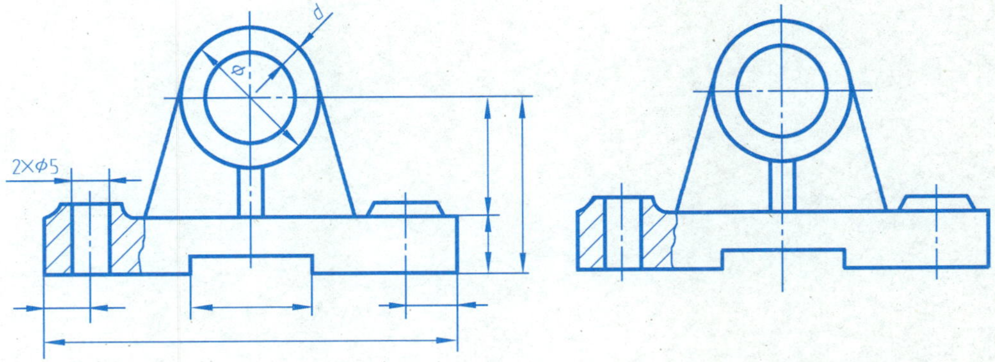

6-3 在零件图上标注尺寸

1. 用符号▽指出轴（右端螺纹 M20-5g6g）长度方向的主要尺寸基准，并标注尺寸，数值从图中量取（取整数），比例 1∶1。

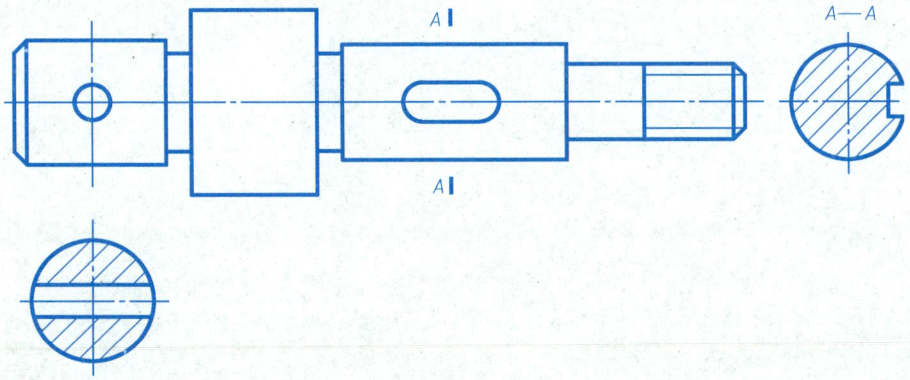

※2. 用符号▽指出踏脚座长、宽、高三个方向的主要尺寸基准，并注全尺寸，数值从图中量取（取整数），比例 1∶1。

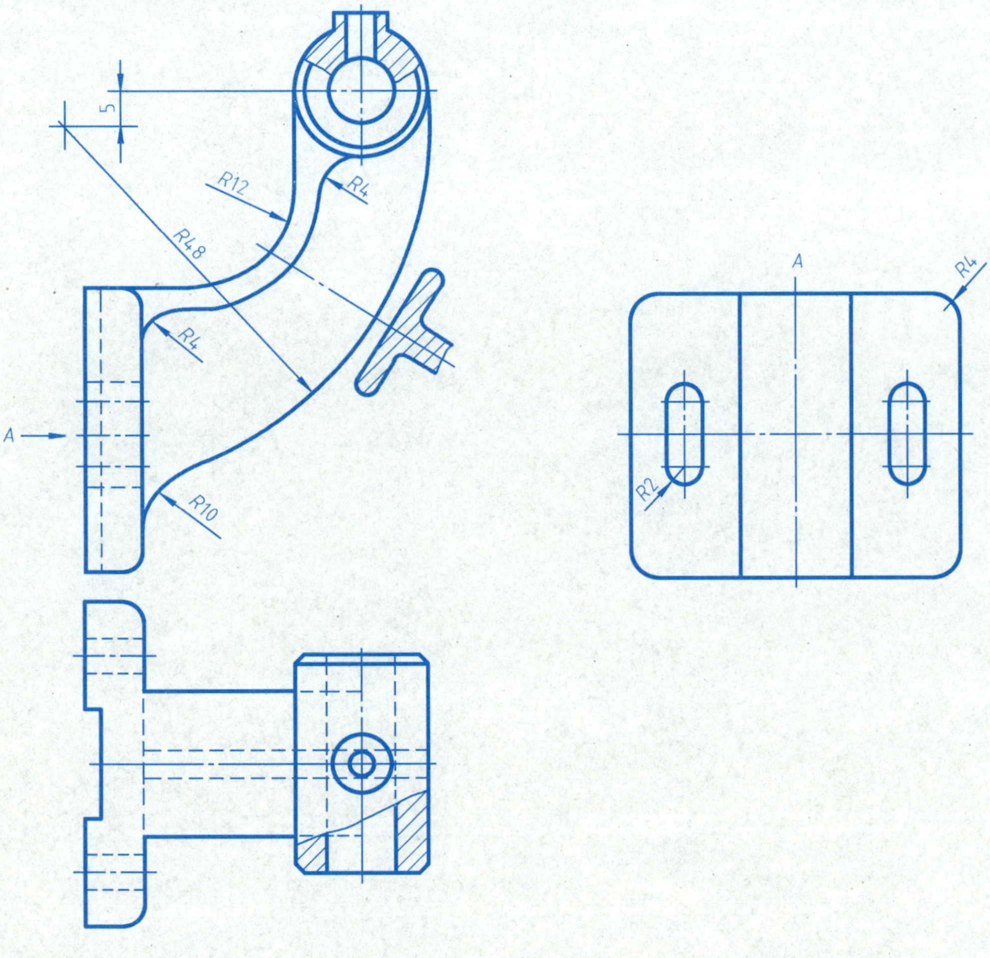

6-4 表面粗糙度

根据表中给定的 *Ra* 值，用代号标注在图上。

表面	*A*	*B*	*C*	*D*	其余
Ra/μm	12.5	6.3	3.2	6.3	25

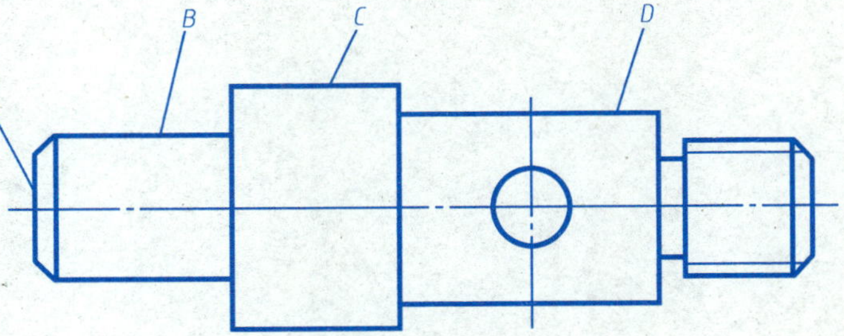

班级　　　　姓名　　　　学号

6-5 尺寸公差

解释配合代号的含义，查表得上、下极限偏差值后标注在零件图上，并填空。

1. 轴套与泵体配合

公称尺寸____，基____制配合。

公差等级：轴 IT ________，

孔 IT ________，

________配合。

轴套：上极限偏差________，

下极限偏差________。

泵体孔：上极限偏差________，

下极限偏差________。

2. 轴套与轴配合

公称尺寸______，基______制配合。

公差等级：轴 IT ________，

孔 IT ________，

________配合。

轴套：上极限偏差________，

下极限偏差________。

轴：上极限偏差________，

下极限偏差________。

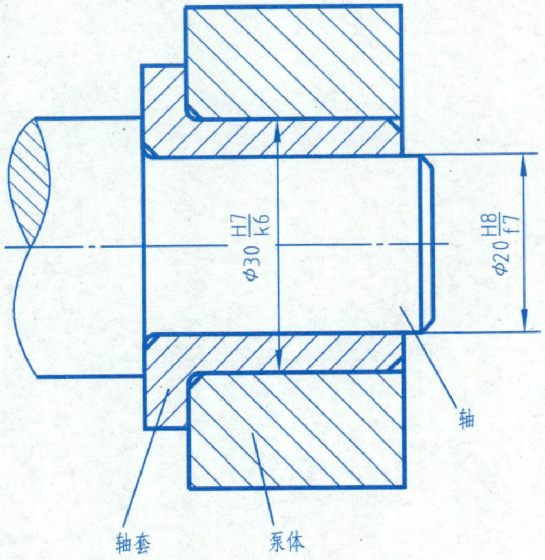

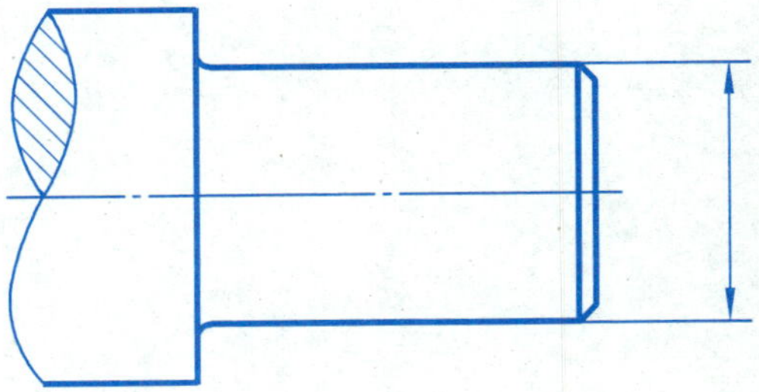

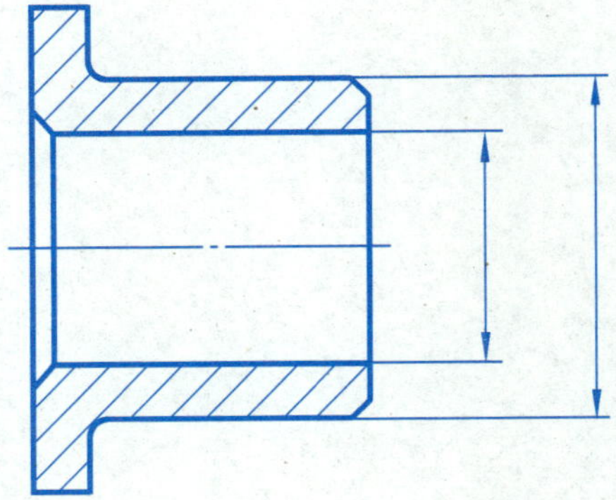

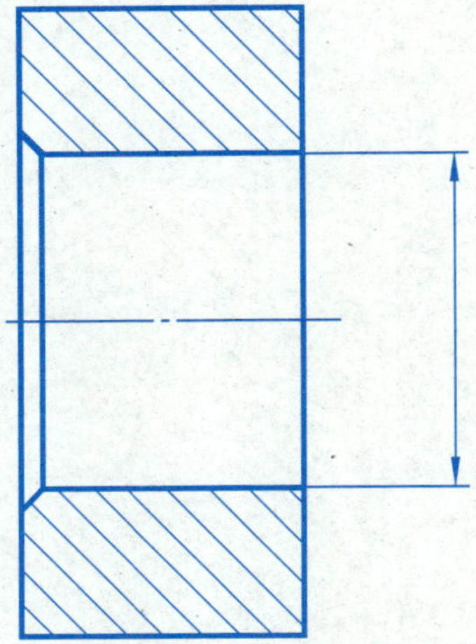

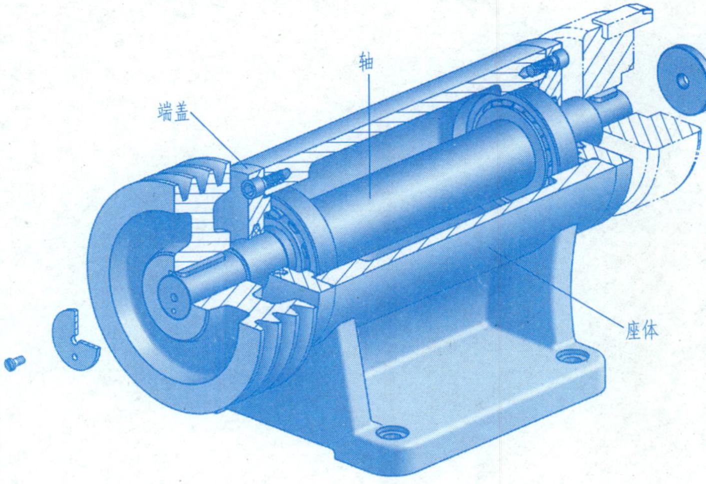

铣刀头装配轴测图

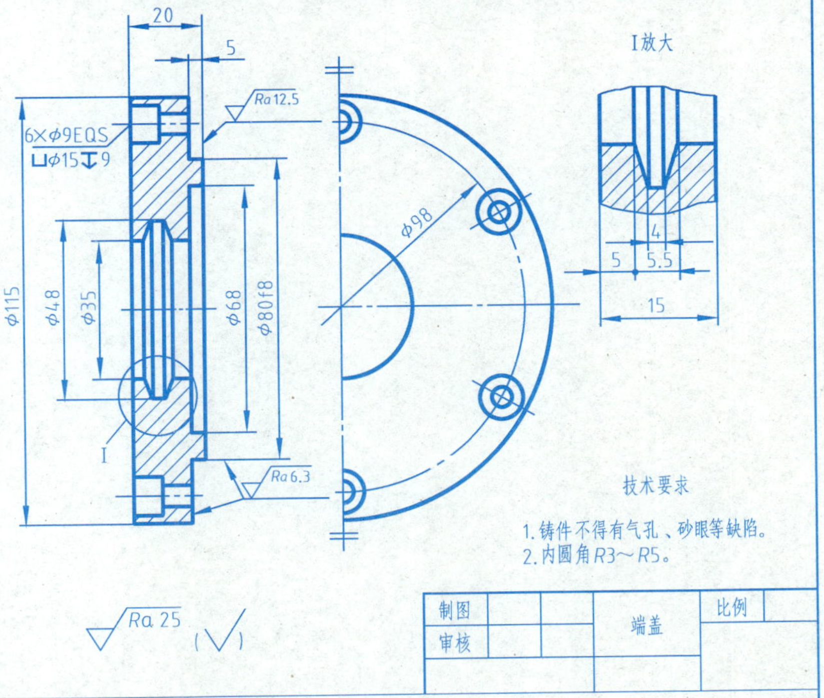

读零件图的目的是根据零件图想象零件的结构形状、尺寸和技术要求。为了更好地读懂零件图，要联系零件在机器或部件中的位置、功用以及与其他零件的关系来读图。本题参照铣刀头装配轴测图来识读其中三种主要零件图。

铣刀头是铣床上安装铣刀盘的部件，动力通过带轮带动轴转动，轴带动铣刀盘（右端细双点画线所示）旋转，对工件进行平面切削加工。

一、端盖

端盖材料为HT200，属于回转体类零件，参阅铣刀头装配轴测图回答下列问题（填空）。

1. 结构分析：端盖的轴孔制有密封槽，槽内放入毛毡可防漏、防尘。端盖的周边有______个均布的沉孔，用______将其与座体连接，并实现对轴的定位和固定。

2. 表达方法分析：端盖的主体结构形状是带轴孔的同轴回转体，主视图采用______图，表达了轴孔和周边沉孔的形状。左视图只画图形的一半，中心线上下各两条水平细实线是______符号。为了清晰地标注密封槽的尺寸，采用了______图表达。

3. 尺寸分析：以端盖的轴线为______基准，以右端面为______基准。与其他零件有配合要求的尺寸应注出公差，如______。ϕ98mm 是六个均布孔的______尺寸。

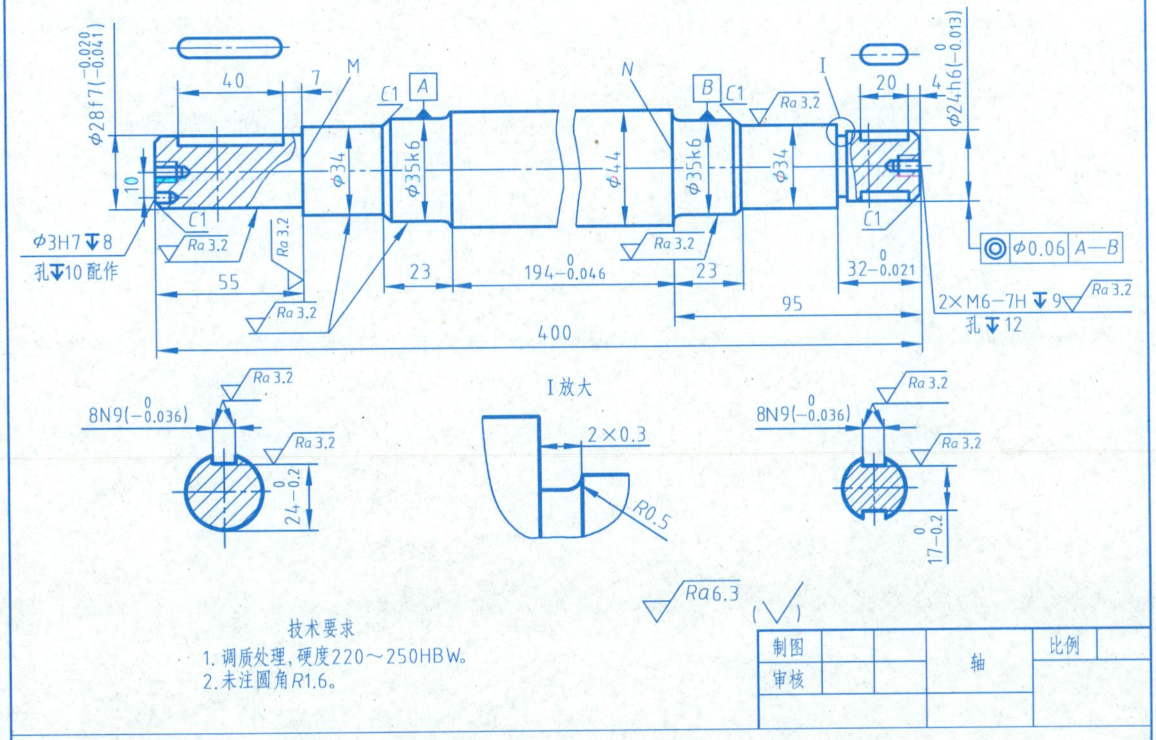

二、轴

轴材料为 45 钢，属于回转体类零件，参阅铣刀头装配轴测图回答下列问题（填空）。

1. 结构分析：参照装配轴测图可看出，铣刀头动力由带轮传入，通过单个普通平键（轴的左端）连接传递给轴，再通过两个普通平键（轴的右端）连接传递给铣刀盘（图中细双点画线）。所以，轴的左端和右端分别制有______个和______个键槽，分别用来装配______和______。该轴有________安装滚动轴承的轴段（φ34mm）。此外，轴上还有加工和装配时所需的工艺结构，如倒角、退刀槽等。

2. 表达方法分析：按轴的加工位置将其轴线水平放置，采用一个______图和若干辅助视图表达。轴的两端用______剖视表示键槽和螺孔、销孔。截面相同的较长轴段采用______画法。用两个断面图分别表示轴的键槽的______度和______度，用两个局部视图（简化画法）表示键槽的形状，用局部放大图表示______的结构。

3. 尺寸分析：以水平轴线为______主要尺寸基准，由此直接注出安装带轮、轴承和铣刀盘且有配合要求的轴段尺寸______、______和______。以中间最大直径轴段的任一端面（*N*）为长度方向主要尺寸基准，由此注出______、______和______。再以轴的左、右端面和 *M* 面为长度方向的辅助基准，由右端面注出______、______和______，由左端面注出______，由 *M* 面注出______。尺寸 400mm 是长度方向主要基准与辅助基准之间的联系尺寸。轴向尺寸不能注成封闭尺寸链，选择不重要的轴段 φ34mm 为______，不注长度方向尺寸。

4. 技术要求：凡注有公差带尺寸的轴段，均与其他零件有______要求，如注有 φ28f7、φ35k6、φ24h6 的轴段，表面质量要求较严，*Ra* 上限值分别是______或______。安装铣刀盘的轴段 φ24h6 尺寸线的延长线上所指的几何公差代号，其含义为 φ24h6 的轴线对公共基准轴线 *A*—*B* 的______公差为______。

6-6 读零件图（三）

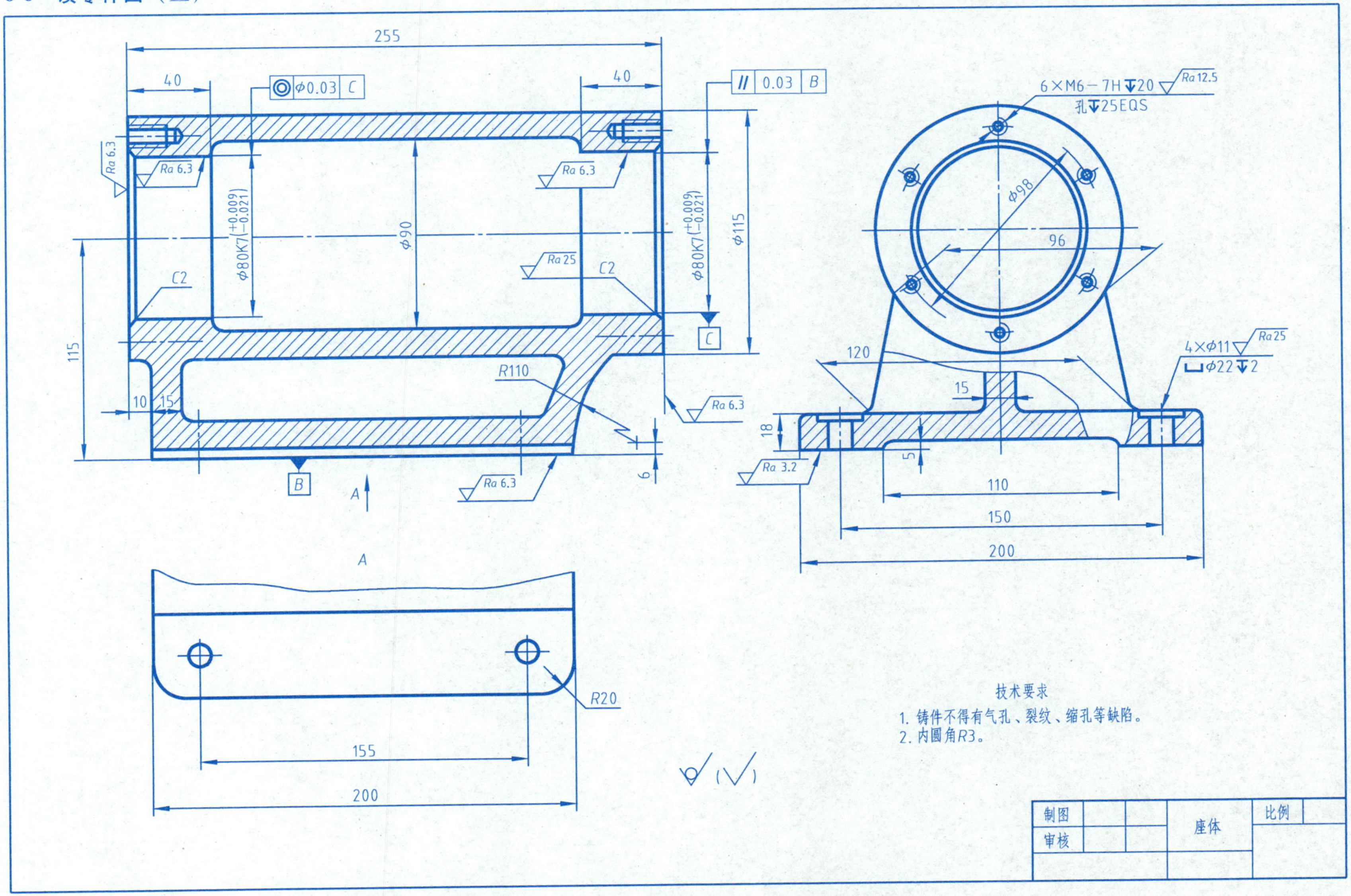

255
40
40
⊚ ϕ0.03 C
// 0.03 B
6×M6－7H↧20
孔↧25EQS
Ra 12.5
Ra 6.3
ϕ80K7(+0.009 −0.021)
ϕ90
ϕ115
Ra 25
C2
115
10
15
R110
B
C
A
6
ϕ98
96
120
15
18
5
4×ϕ11
⌴ϕ22↧2
Ra 3.2
110
150
200
A
R20
155
200
技术要求
1. 铸件不得有气孔、裂纹、缩孔等缺陷。
2. 内圆角R3。
制图
审核
座体
比例

三、座体

座体材料为 HT200，属于非回转体类零件，参阅铣刀头装配轴测图回答下列问题（填空）。

1. 结构分析：座体在铣刀头部件中起支承轴、带轮和铣刀盘的作用。座体的结构形状可分为两部分：上部是圆筒状，两端的轴孔支承滚动轴承，其轴孔直径与轴承的外径一致，两侧外端面制有与________连接的螺孔，座体中间部分孔的直径（ϕ90mm）大于两端孔的直径（ϕ80mm），是为了________座体的质量；下部是带圆角的方形底板，有________个安装孔，将铣刀头安装在铣床上，为了接触平稳和减少加工面，底板下面的中间部分做成________槽。座体的上、下两部分用支承板和肋板连接。

2. 表达方法分析：座体的主视图按工作位置放置，采用________图，表达座体的形体特征和内部的空腔结构。左视图采用________图，表示底板和肋板的厚度，以及底板上________和________的形状。在圆筒端面上表示了________个螺孔的位置。由于座体的前后对称，俯视图采用 *A* 向________图，表示底板的圆角和________的位置。

3. 尺寸分析：选择座体的________为高度方向主要尺寸基准，圆筒的左或右端面为________度方向主要尺寸基准，前后对称面为________度方向主要尺寸基准。直接注出设计要求的结构尺寸和有配合要求的尺寸，如主视图中的尺寸 115mm 是确定圆筒轴线位置的________尺寸，ϕ80K7 是两端轴孔与________配合的尺寸，40mm 是两端轴孔长度方向的________尺寸。左视图和 *A* 向局部视图中的尺寸 150mm 和 155mm 是四个________的定位尺寸。

4. 解释“6×M6-7H ↧20”和“孔↧25EQS”：其中 6×M6 表示公称直径为 6mm 的 6 个螺孔的标记，↧20 是对螺孔________的要求，孔↧25 是指孔的________要求，EQS 是________。

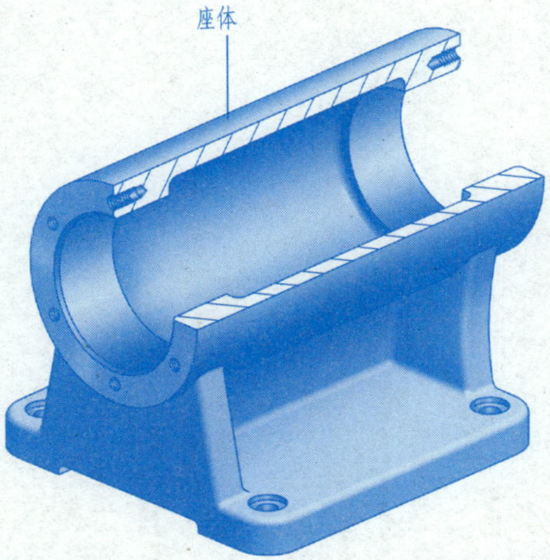

第六单元自测题（总分：100分）（一）

1. 判断题（每题3分，正确的打“√”，错误的打“×”）。

（1）在同一图样上，每一表面一般只标注一次表面粗糙度的代号、符号。（　　）

（2）表面粗糙度的代号、符号可标注在可见轮廓线、尺寸界线或它们的延长线上，以及几何公差框格的上方。（　　）

（3）极限偏差的数值可以为正值、负值和零。（　　）

（4）公差数值可以为正值、负值或零。（　　）

（5）标注几何公差时，带箭头的指引线必须与相应尺寸线延长线明显错开。（　　）

2. 填空题（每空1分）。

（1）零件图的内容包括________、________、________、________四项。

（2）零件图上标注尺寸时要选好______，主要尺寸应______，要避免出现______，要考虑所注尺寸是否便于______和______。

（3）零件的表面结构是________、________、________、________和________的总称。

（4）表面粗糙度是评定零件表面质量的一项重要技术指标，凡是零件上有配合要求或有相对运动的表面，*Ra*值要________，*Ra*值越小，零件表面质量要求越________，但加工成本也越________。

（5）公差是尺寸允许的________量，配合是指________相同的、相互结合的孔和轴________之间的关系。在零件图上，凡是有配合要求的尺寸要注出________、________偏差或注写________代号，在装配图上应注写________代号。

（6）标准公差的符号是________，共分为________个等级，其中________精度最高，公差值最小。

（7）公差带代号由________和________组成。

（8）配合可分为________、________和________三类，并形成________和________两种制度。

（9）基孔制配合的孔称为________，其基本偏差代号为________，下极限偏差为________，即它的下极限尺寸等于________。基轴制配合的轴称为________，其基本偏差代号为________，上极限偏差为________，即它的上极限尺寸等于________。

（10）ϕ30H8/f7的含义：公称尺寸为________，标准公差等级为________级的基准孔与标准公差等级为________级、基本偏差为________的轴组成的________配合。

（11）ϕ35s7的含义：公称尺寸为________，标准公差等级为________级，基本偏差为________的轴。

（12）ϕ40K7的含义：公称尺寸为________，标准公差等级为________级，基本偏差为________的孔。

（13）几何公差特征项目共有________项。

3. 读支架零件图，在指定位置画出 *A*—*A* 剖视图。标明三个方向主要尺寸基准，并完成填空题（每空 2 分，画 *A*—*A* 剖视图、标注尺寸基准 9 分）。

（1）此零件是________，材料为________，绘图比例为________；主视图符合________位置，采用________剖视，中部未画剖面符号的线框为________结构。

（2）螺纹标记 M42×2-5H 中，M 是________代号，公称直径为________，螺距为________，________径和________径的公差带代号为 5H。

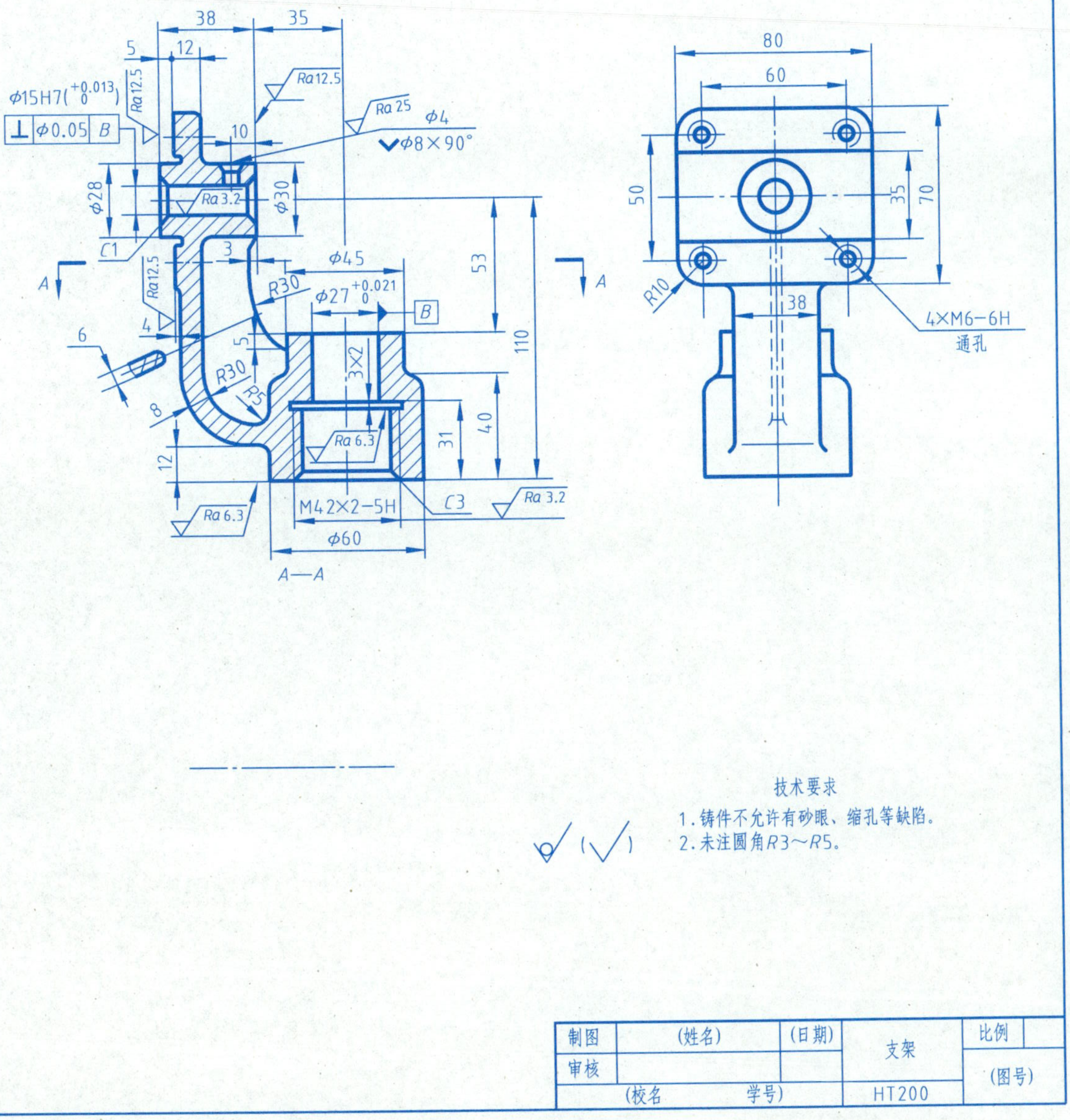

第七单元 装 配 图

7-1 读铣刀头装配图（一）

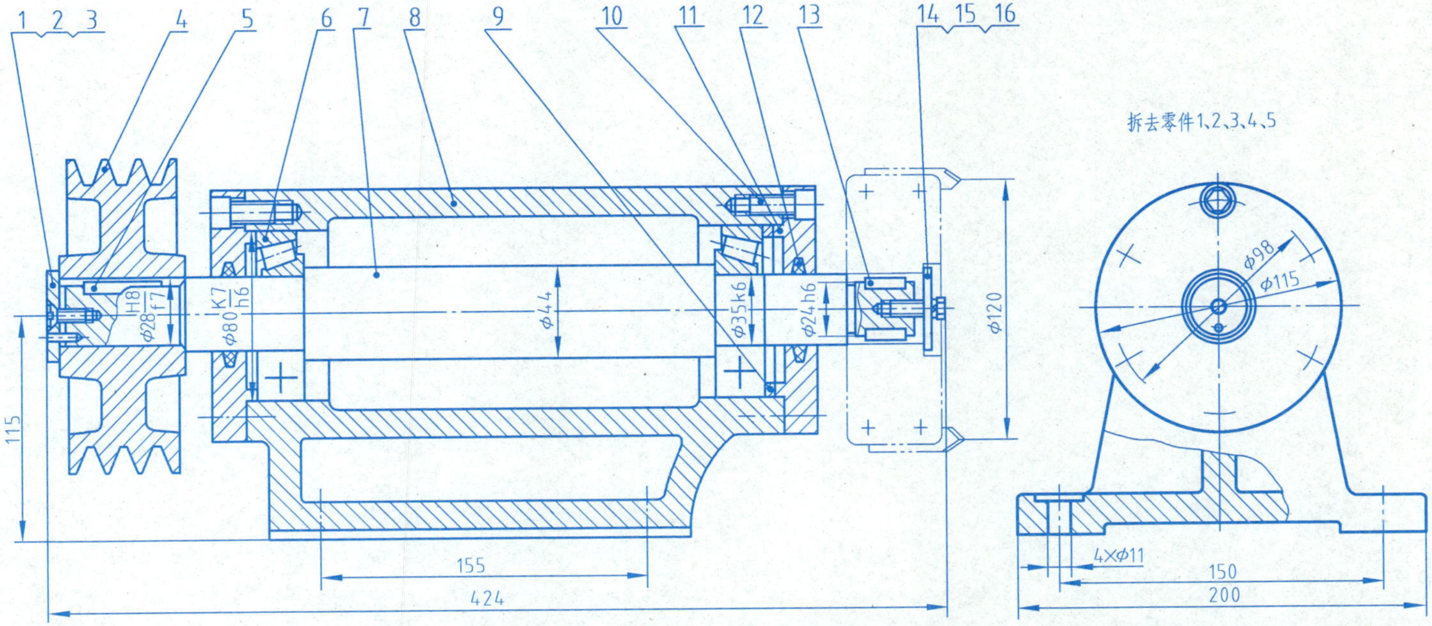

16	GB/T 93—1987	垫圈6	1	65Mn		6	GB/T 294—2015	轴承30307	2		
15	GB/T 5783—2016	螺栓M6×20	1	Q235A		5	GB/T 1096—2003	键8×40	1	45	
14	GB/T 892—1986	挡圈B32	1	35		4		带轮	1	HT150	
13	GB/T 1096—2003	键6×20	2	45		3	GB/T 119.1—2000	销3×12	1	35	
12		毛毡25	2	222—36	无图	2	GB/T 68—2016	螺钉M6×18	1	Q235A	
11		端盖	2	HT200		1	GB/T 891—1986	挡圈35	1	Q235A	
10	GB/T 70.1—2008	螺钉M6×20	12	Q235A		序号	代号	名称	数量	材料	备注
9		调整环	1	35		制图		铣刀头	比例		
8		座体	1	HT200		审核					
7		轴	1	45							

班级　　　　姓名　　　　学号

7-1 读铣刀头装配图（二）

读懂铣刀头装配图（并参照 66 页铣刀头装配轴测图）回答下列问题（填空）。

1. 主视图采用______图，左视图采用______图，并采用拆卸画法，表示拆去______、______、______、______、______五个零件。

2. 主视图中的尺寸 115mm 为______尺寸，$\phi 28H8/f7$ 为______尺寸，主视图中的尺寸 155mm 和左视图中的尺寸 150mm 为______尺寸。

3. 主视图中的配合尺寸$\phi 28H8/f7$ 的含义：$\phi 28$mm 是______尺寸；H8 表示基准孔的公差带代号，即基本偏差为______的______级孔；f7 表示轴的公差带代号，即基本偏差为______的______级轴。

4. 主视图左端的序号 1、2、3 分别是指______、______、______三个零件。

5. 铣刀头共有______种零件，其中标准件有______种。

6. 如果要拆下件 5，必须按顺序拆下______、______、______、______，再取出件 5。

铣刀头工作原理

铣刀头是用于铣削加工的部件。铣刀头（右端细双点画线所示）通过 14、15、16 号零件固定，件 7（轴）通过件 4（带轮）和件 5（键）传递运动，使轴旋转，从而带动铣刀头旋转进行铣削加工。

7-2 拼贴 G1/2 阀装配图

参照 G1/2 阀装配轴测图，将各零件按其图形外轮廓剪下，拼贴在阀体中，拼成装配图。

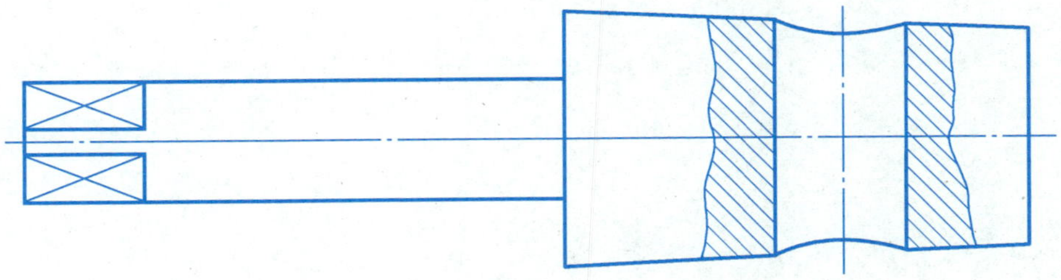

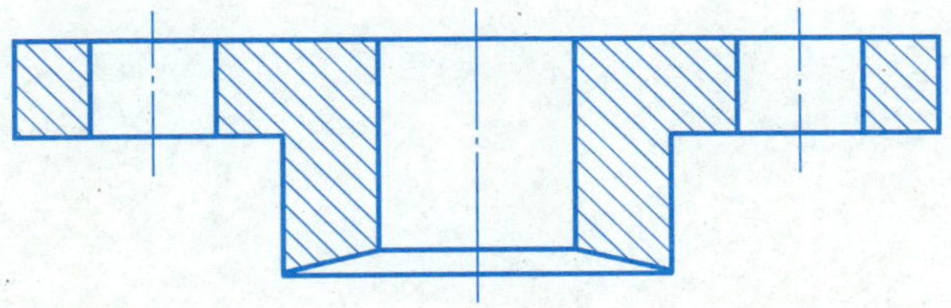

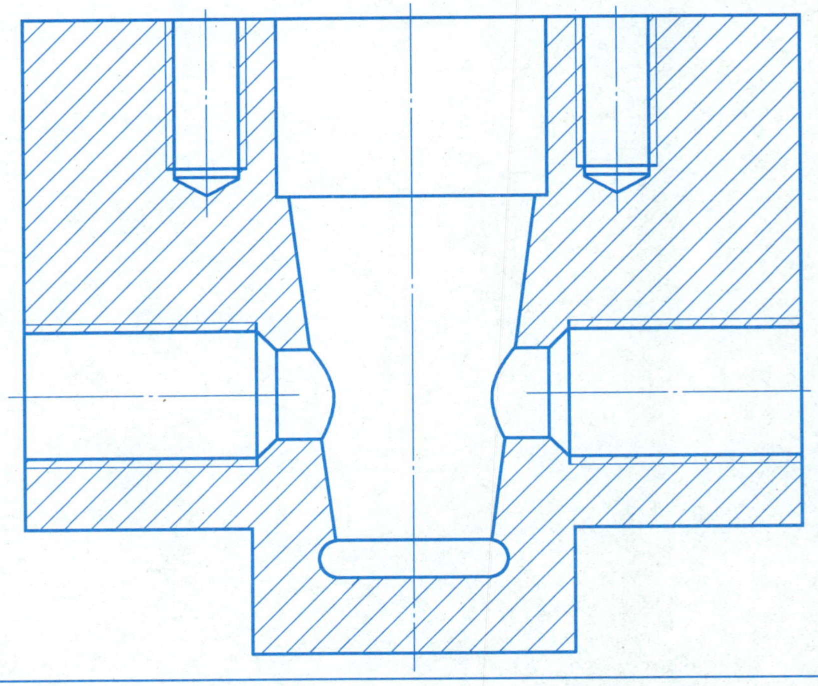

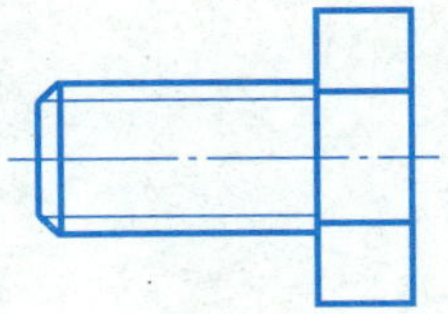

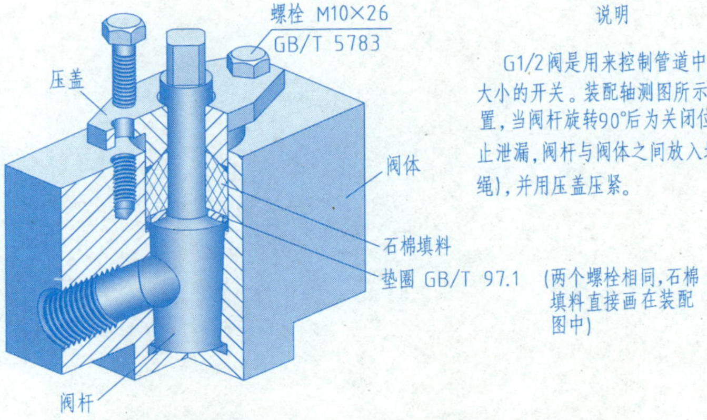

G1/2阀装配轴测图

说明

G1/2阀是用来控制管道中流体流量大小的开关。装配轴测图所示为开启位置，当阀杆旋转90°后为关闭位置。为防止泄漏，阀杆与阀体之间放入填料(石棉绳)，并用压盖压紧。

7-3 读装配图实例——机用虎钳（一）

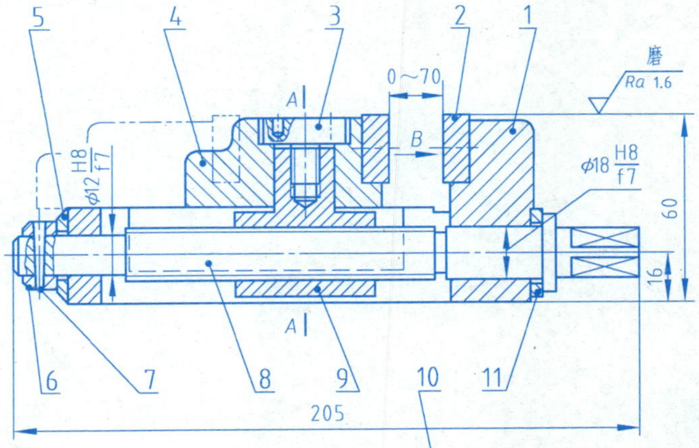

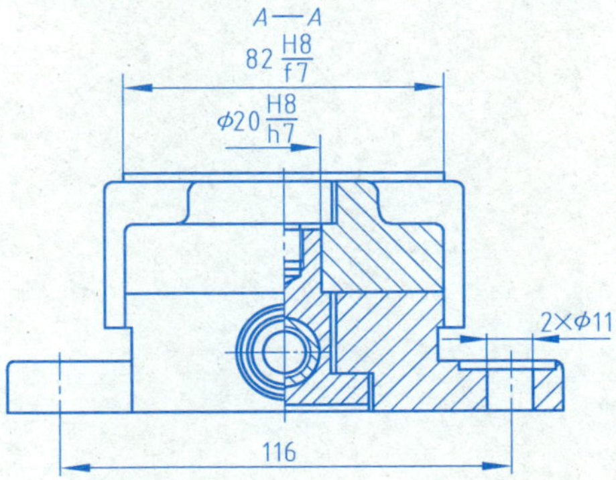

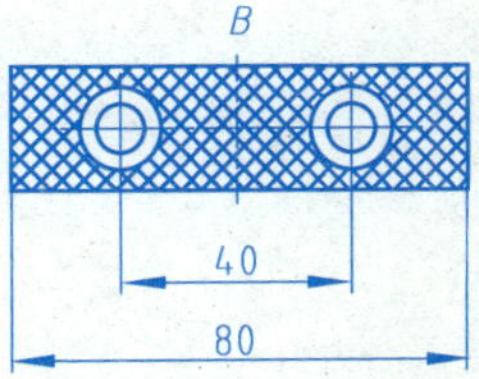

技术要求

1. 装配后应保证螺杆转动灵活。
2. 装配后夹紧两钳口板，磨削两顶面至平齐，并保证Ra 1.6μm。

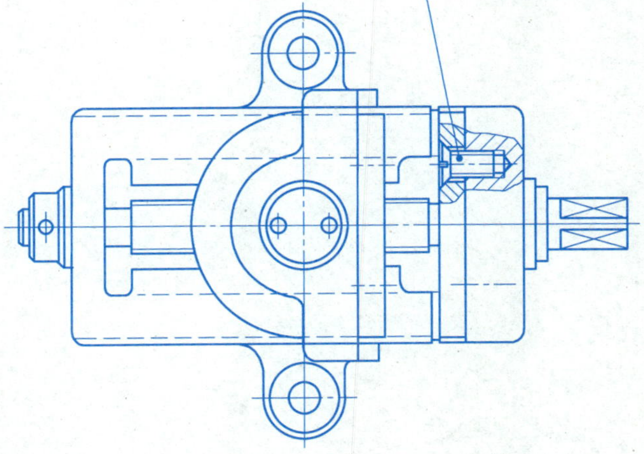

11	GB/T 97.1—2002	垫圈	1	Q235A	
10	GB/T 68—2016	螺钉M8×18	4	Q235A	
9		螺母块	1	Q235A	
8		螺杆	1	45	
7	GB/T 117—2000	圆锥销A4×20	1	35	
6		环	1	Q235A	
5	GB/T 97.2—2002	垫圈	1	Q235A	
4		活动钳身	1	HT200	
3		螺钉	1	Q235A	
2		钳口板	2	45	
1		固定钳座	1	HT200	
序号	代号	名称	数量	材料	备注

制图		机用虎钳	比例
审核			

7-3　读装配图实例——机用虎钳（二）

机用虎钳是安装在机床工作台上，用于夹紧工件以便进行切削加工的一种夹具。对照其装配轴测图和爆炸图，初步了解机用虎钳各主要零件之间的装配关系。

螺母块 9 从固定钳座 1 的下方空腔装入工字形槽内，再装入螺杆 8，并用垫圈 11 和垫圈 5、环 6、圆锥销 7 将螺杆轴向固定；通过螺钉 3 将活动钳身 4 与螺母块 9 连接；最后用螺钉 10 将两块钳口板 2 分别与固定钳座和活动钳身连接。

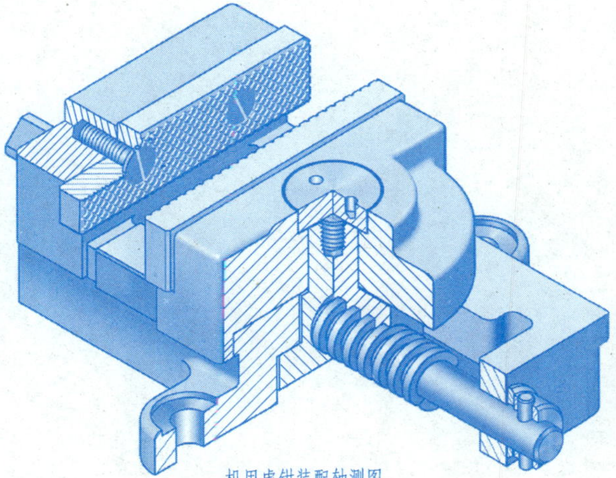

机用虎钳装配轴测图

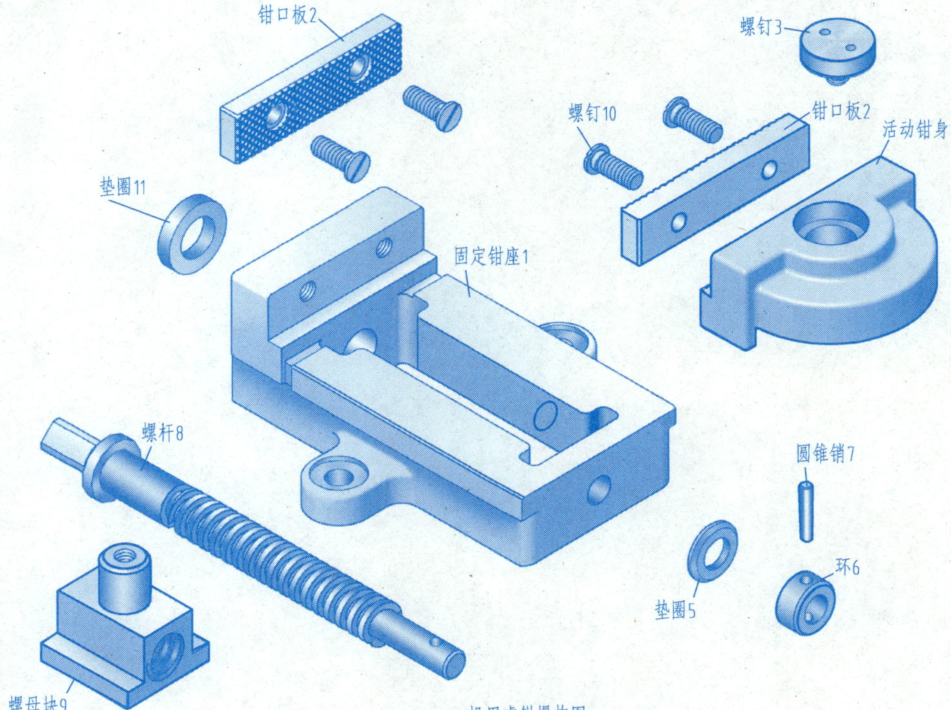

机用虎钳爆炸图

机用虎钳的工作原理比较简单：旋转螺杆 8，使螺母块 9 带动活动钳身 4 做水平方向左右移动，夹紧工件进行切削加工。

7-3　读装配图实例——机用虎钳（三）

读懂机用虎钳装配图，回答下列问题（填空）。

1. 机用虎钳由________种零件组成，其中标准件有________、________、________、________四种。

2. 机用虎钳装配图选用了________个基本视图和________个表示单独零件的向视图。

3. 当沿顺时针方向旋转螺杆 8 时，螺母块 9 带动活动钳身 4 向________做水平移动，沿逆时针方向旋转时则向________做水平移动。最大的夹持厚度为________ mm。

4. 螺母块在机用虎钳中工作时起重要作用，它的整体结构形状上圆下方，上部圆柱与________相配合，在装配图上标注的配合尺寸为________。通过螺钉 3 可调节螺母块与螺杆的松紧程度，使螺杆转动灵活。

5. 为了使螺杆在固定钳座左、右两圆柱孔内转动灵活，螺杆两端轴颈与圆柱孔的配合尺寸为________、________，采用基________制________配合。

6. 为了使活动钳身在固定钳座工字形槽的水平导面上移动自如，活动钳身与固定钳座导面两侧的配合面的配合尺寸为________，采用基________制________配合。

※7-4　读装配图实例——镜头架（一）

读懂镜头架装配图（下页），回答下列问题（填空）。

1. 镜头架是电影放映机上用来放置放映镜头和调节焦距的一个部件，共由________种零件组成，其中标准件________种。主视图采用________剖视，反映装配关系和工作原理；左视图采用 $B—B$ ________剖视，主要表达外形轮廓，以及调节齿轮 5 与内衬圈 2 上的齿条相啮合的情况。

2. 从主视图可看出：所有零件都装在主要零件架体 1 上，并由两个________和两个________在放映机（左边细双点画线所示）上定位、安装，架体的大孔（ϕ70mm）中套有能前后移动的内衬圈 2。架体的水平圆柱孔（ϕ22mm）的轴线是一条主要装配干线，装有锁紧套 6，它们是 H7/g6 的________配合。锁紧套内装有调节齿轮 5，它们的配合关系分别是________、________，也都是间隙配合。当调节齿轮与内衬圈就位后，用螺钉 M3×12 使调节齿轮________定位。锁紧套右端外螺纹处装有锁紧螺母 4。

3. 当镜头装进内衬圈后，沿顺时针方向旋转________，将锁紧套拉向________侧，使锁紧套上的圆柱面槽迫使内衬圈收缩而________镜头。

4. 当旋转调节齿轮时，通过与内衬圈上的________啮合传动，带动________做前后方向直线移动，从而调节________。

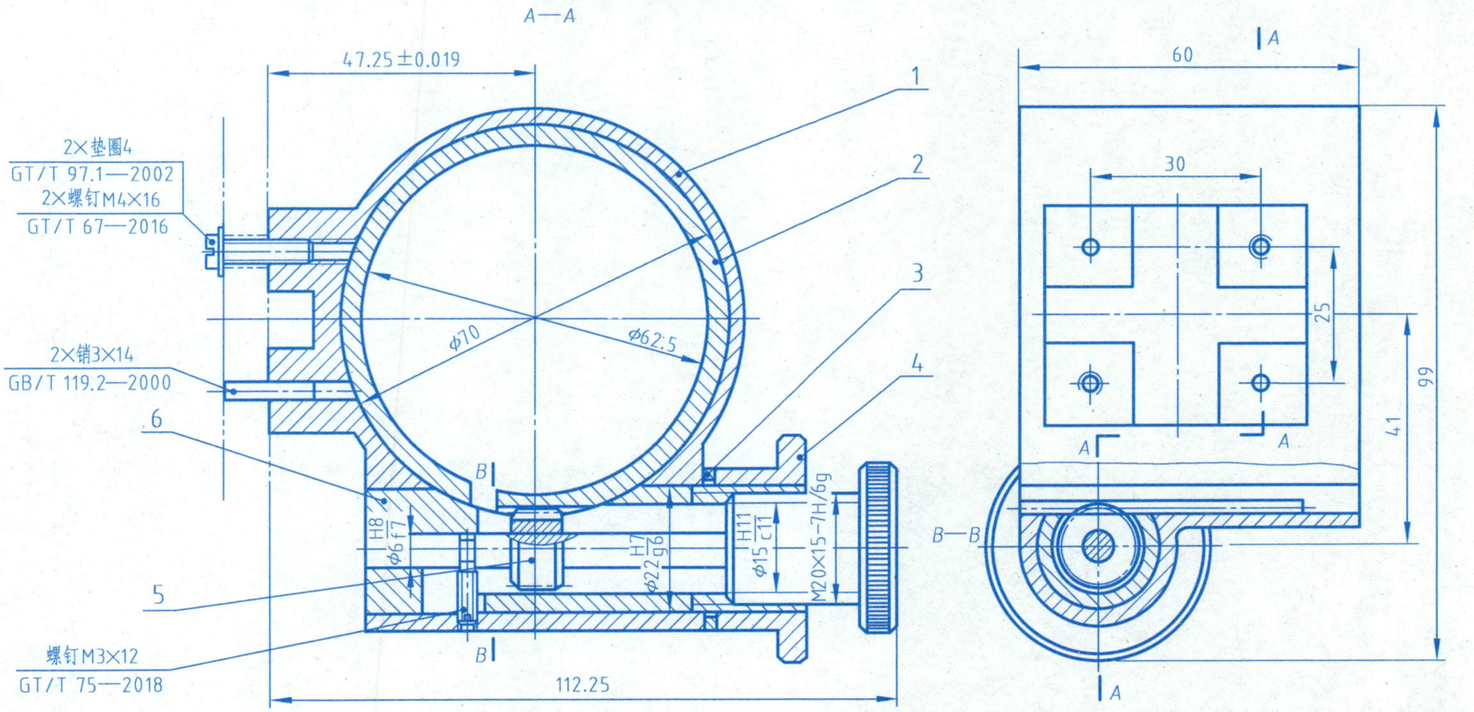

技术要求
传动应平稳、轻巧，不允许有卡阻、爬行现象。

序号	代号	名称	数量	材料	备注
6		锁紧套	1	2A12	
5		调节齿轮	1	组件	$m=0.6$ $z=22$
4		锁紧螺母	1	2A12	
3		垫圈	1	Q235	
2		内衬圈	1	ZAlSi12	
1		架体	1	ZAlSi12	

制图			镜头架	比例	
审核					

班级　　姓名　　学号

※第八单元　专用图样

8-1　展开图（一）

1. 画漏水管的展开图。

2. 画喇叭管的展开图。

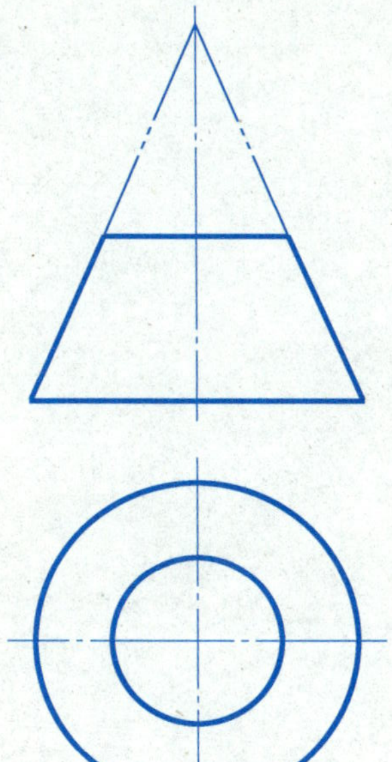

班级　姓名　学号

3. 画直角弯管的展开图。

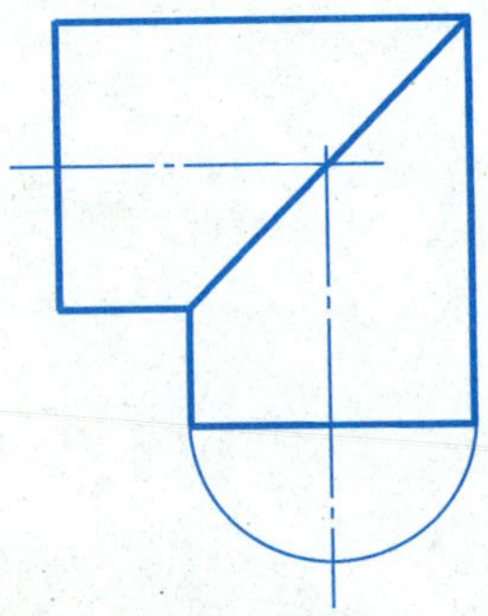

4. 画方圆变形接头的展开图。

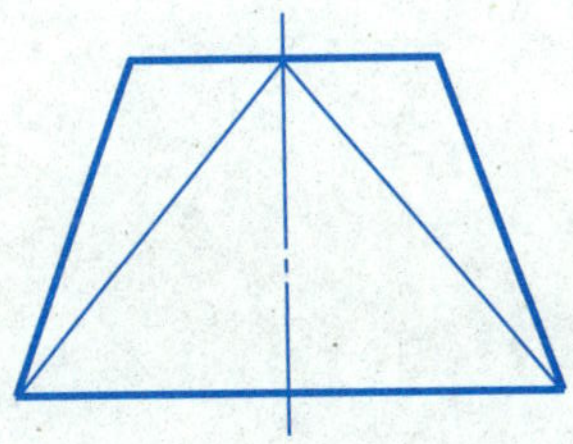

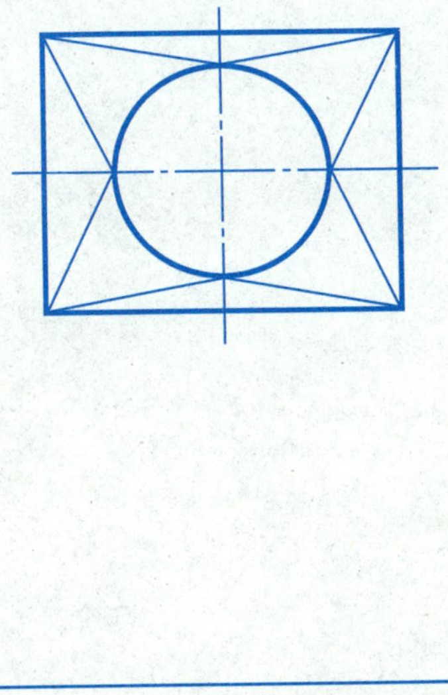

8-2 读挂架焊接图

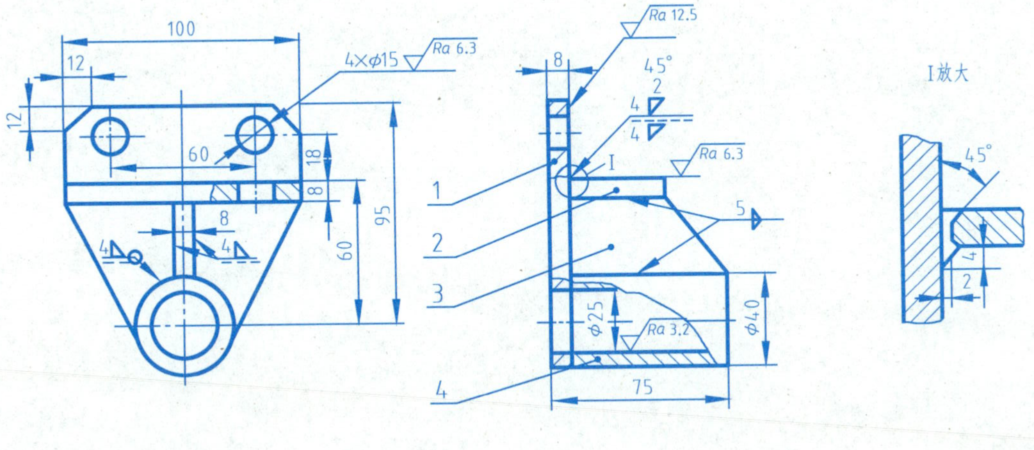

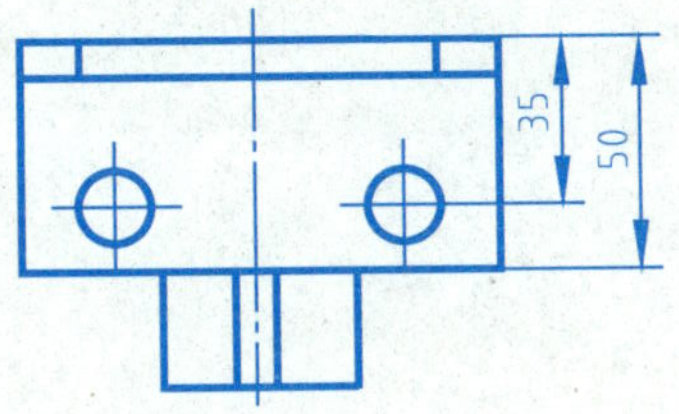

技术要求

1. 各焊缝均采用焊条电弧焊。
2. 切割边缘表面粗糙度 Ra 为12.5μm。
3. 所有焊缝不能有透熔蚀等缺陷。

序号	代号	名称	数量	材料	单件质量	总计质量	备注
4		圆筒	1	Q235A			
3		肋板	1	Q235A			
2		横板	1	Q235A			
1		立板	1	Q235A			

制图			挂架焊接图	比例
审核				

1. 表示立板 1 与圆筒 4 之间环绕________进行焊接，⊿表示________焊缝，其焊脚高度为________mm。

2. 两条箭头线表示所指的两条焊缝的焊接要求________，角焊缝的焊脚高度为________mm。

3. 表示肋板 3 与________之间、肋板 3 与________之间均为________，焊脚高度为________mm。

4. 表示横板 2 上表面与立板 1 的焊缝是________，表面铲平，________为 45°，间隙为________mm，________为 4mm，横板 2 下表面与立板 1 的焊缝为焊脚高度 4mm 的________。

班级　　姓名　　学号

识读平面图和立面图所示某油泵管路系统的施工图。

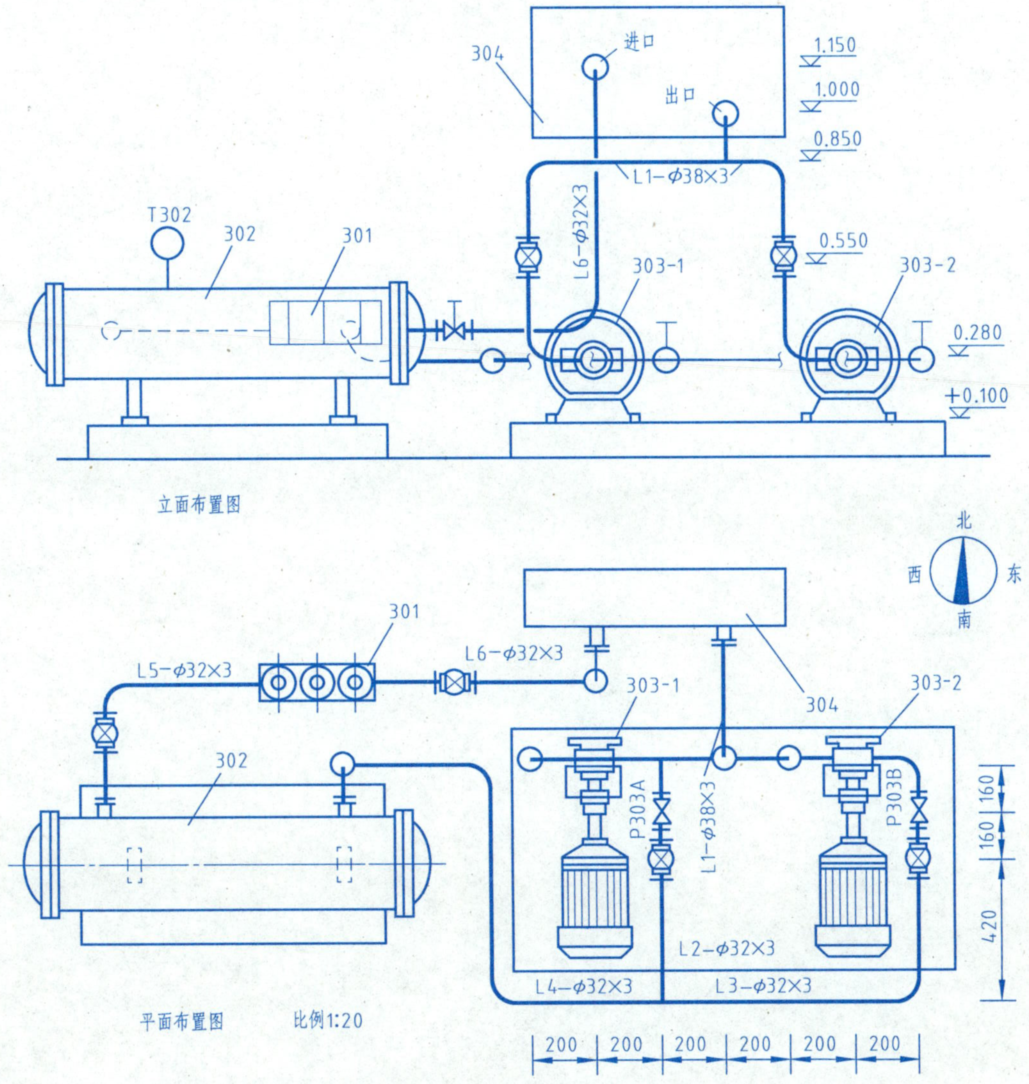

油泵管路系统平面图和立面图

注：图中代号 301 为油过滤器；代号 302 为冷却器；代号 303-1 和 303-2 为两台输油泵；代号 P303A 和 P303B 为两只油压表；代号 T302 为油温计；代号 304 为传动设备曲轴箱（工作机构）；L1-ϕ…×3 为管子编号和规格（ϕ 为直径符号，×后数字为壁厚）。

班级　　姓名　　学号

8-3 读管路图（二）

1. 读图

（1）了解该管路系统的用途和工艺流程。

根据图样名称和代号说明可知，该系统为工作机构（曲轴箱）循环输送润滑油。它通过输油泵 303-1 或 303-2 将原先注入工作机构并已使用了的油液吸入并加压，经管道先输送到冷却器 302，将油冷却降温。再通过管道输送到油过滤器 301，去除油中杂质，将油净化。最后回流到曲轴箱 304。如此循环往复。

（2）了解系统的组成及全部设施和设备以及管道走向。

由平面图和立面图可知，油从曲轴箱 304 出口进入输油泵 303-1 或 303-2，其间经过管道 L1-ϕ38mm×3mm 和两个阀门。输油泵由两台电动机驱动。从输油泵到冷却器 302 经过管道 L2-ϕ32mm×3mm、油压表 P303A、P303B 和两阀门向南进入管道 L3-ϕ32mm×3mm 和 L4-ϕ32mm×3mm，L4 管子先向西再向北弯曲，然后又向西弯曲，在临近冷却器右端后侧有一竖管和横管将 L4 和冷却器用法兰连接。冷却器上方配有一个油温计 T302。从冷却器到油过滤器 301，其间经过管道 L5-ϕ32mm×3mm，中间设有一个阀门。从油过滤器到曲轴箱，先经过管道 L6-ϕ32mm×3mm 向东，再先后向上、向北弯曲，与曲轴箱连接；在油过滤器出口向东管道中间设有一个阀门。

因图中未列出材料表，所以管道的用量从略。

（3）了解设备和管道的尺寸及标高。

从平面图看，围绕输油泵设施标有 6 个东西尺寸和 3 个南北尺寸。东西尺寸分别为：输油泵 303-1 中心至管道 L1-ϕ38mm×3mm 西侧中心和输油泵 303-2 中心至管道 L1-ϕ38mm×3mm 东侧中心的水平距离均为 200mm；输油泵 303-1 和 303-2 中心至管道 L2-ϕ32mm×3mm 中心的水平距离均为 200mm；管道 L1-ϕ38mm×3mm 中心和 L2-ϕ32mm×3mm 中心的水平距离为 200mm；曲轴箱出口中心和管道 L1-ϕ38mm×3mm 中心的水平距离为 200mm。南北尺寸分别为：管道 L3、L4 中心到 L2 管道中两阀门中心的垂直距离为 420mm；阀门中心到油压表中心的垂直距离为 160mm；油压表中心到管道 L1 的垂直距离为 160mm。

从立面图看，电动机底面的标高为“+0. 100”（高出地面 10cm）；管道 L2 的标高为“+0. 280”；管道 L1 中两阀门出口中心的标高为“+0. 550”；管道 L1 水平段的中心标高为“+0. 850”；曲轴箱出口中心的标高为“+1. 000”；曲轴箱进口中心的标高为“+1. 150”。

由于图中省略了邻近建筑或设备的相关图形和尺寸，所以系统的其他位置尺寸不能显示。

2. 分段画出管路轴测图

（1）从曲轴箱 304 出口到输油泵 303-1、303-2。

（2）从输油泵到冷却器 302。

（3）从冷却器到油过滤器 301。

（4）从油过滤器到曲轴箱 304 进口。